Fuza Huanjing xia Juxing Dingguan
Shigong Jishu ji Qi Gongcheng Yingyong

复杂环境下矩形顶管
施工技术及其工程应用

关国轻　宋　森　李光洲　周载延　张跃进　编著

人民交通出版社

北　京

内 容 提 要

本书共 7 章,分别为绪论、矩形顶管摩阻力及顶推力计算方法、触变泥浆配比及其对管-浆-土摩阻特性影响、矩形顶管摩阻力对顶管施工参数影响、顶管施工对地下管线扰动特性及变形控制、矩形顶管"金蝉脱壳"快速施工技术、矩形顶管施工技术在复杂环境工程中应用。

本书可作为高等院校土木工程等专业师生参考书,也可供从事矩形顶管设计、施工的人员使用。

图书在版编目(CIP)数据

复杂环境下矩形顶管施工技术及其工程应用/关国轻等编著. —北京:人民交通出版社股份有限公司,2024.3

ISBN 978-7-114-19262-3

Ⅰ.①复⋯　Ⅱ.①关⋯　Ⅲ.①顶进法施工　Ⅳ.①TU94

中国国家版本馆 CIP 数据核字(2024)第 041605 号

书　　名:复杂环境下矩形顶管施工技术及其工程应用
著 作 者:关国轻　宋　森　李光洲　周载延　张跃进
责任编辑:翁志新
责任校对:孙国靖　刘　璇
责任印制:刘高彤
出版发行:人民交通出版社
地　　址:(100011)北京市朝阳区安定门外外馆斜街 3 号
网　　址:http://www.ccpcl.com.cn
销售电话:(010)59757973
总 经 销:人民交通出版社发行部
经　　销:各地新华书店
印　　刷:北京建宏印刷有限公司
开　　本:787×1092　1/16
印　　张:7.25
插　　页:6
字　　数:180 千
版　　次:2024 年 3 月　第 1 版
印　　次:2024 年 3 月　第 1 次印刷
书　　号:ISBN 978-7-114-19262-3
定　　价:62.00 元

(有印刷、装订质量问题的图书,由本社负责调换)

前言
PREFACE

地下空间的开发和利用对于现代城市的可持续发展至关重要。矩形顶管作为一种地下管道施工技术，具有占地面积小、施工对交通影响小、环境保护等优点，已被广泛应用于地下排水、污水处理、综合管廊、地铁隧道等领域。然而，复杂的地下环境和地质条件使得矩形顶管施工充满了挑战，如地下管线扰动、地表沉降、土体变形等问题亟待解决。

在复杂环境下，矩形顶管施工面临多方面挑战，包括但不限于以下几个关键问题：首先，需要准确评估顶管施工对周围土体的影响及有效控制土体的变形，以降低地表沉降的风险，还需要深入研究顶管施工对地下管线的潜在扰动效应，并制订相应的管线保护策略；其次，研究管道、浆液和土体之间的摩阻特性，以提高施工效率和可行性；再次，为确保施工的安全性以及经济性，需要精确计算所需的顶推力；最后，重点关注复杂环境下矩形顶管快速施工技术，以提高工程施工效率和可持续性。

鉴于此，本书作者依托多个矩形顶管工程项目，在吸收和消化前人理论研究和工程实践的基础上，结合现行国家及相关行业标准，详细分析了矩形顶管施工特点、矩形顶管摩阻力研究及顶推力计算、管-浆-土摩阻特性、顶管施工变形控制技术、矩形顶管"金蝉脱壳"快速施工技术，对于矩形顶管的设计、施工具有重要的参考意义和借鉴价值。

本书由中铁十五局集团城市建设工程有限公司关国轻、宋森、李光洲、张跃进，西南科技大学周载延共同撰写。其中，关国轻负责全书统稿和审核工作。我们希望本书能够为地下空间的开发和利用提供有力的技术支持。

本书在撰写过程中得到了许多技术人员的支持和帮助，在本书出版之际，谨向书中所有参考文献的作者以及参与和支持本书编著的同事和学者表示衷心的感谢。

限于作者水平，书中难免存在疏漏和不尽如人意之处，恳请广大读者批评指正。

作　者

2023 年 11 月

目录
CONTENTS

第1章 绪论

顶管法作为一种新兴的非开挖施工方法,具有众多优点,如沉降小、施工工艺简单、施工速度快,因而在地下工程中得到广泛应用和推广。中国自 20 世纪 50 年代开始逐渐应用顶管施工技术,随着技术的不断发展,圆形顶管与矩形顶管等被广泛应用于地铁出入口、隧道、综合管廊等大型工程中。尽管矩形顶管在地下工程中具有广泛的应用前景,但与圆形顶管相比,其研究相对滞后,矩形顶管的研究和发展面临一些挑战。

1.1 顶管施工技术概述

1896 年,美国首次运用顶管法修建北太平洋铁路工程,随后,日本研发了土压平衡顶管机和泥水平衡顶管机,加速了顶管法的使用。20 世纪 50 年代,我国开始在北京和上海试用此方法,用于输水管道等开挖,因使用的管节直径较小,所以采用人工开挖。随着开挖技术的发展,1964 年,上海首次采用机械进行土体开挖,随后采用圆形顶管施工技术修建了浙江镇海穿越甬江的管道和上海穿越黄浦江的输水钢质管道。1999 年,上海陆家嘴首次采用断面尺寸为 3.8m×3.8m 的矩形顶管修建地下人行通道,之后,矩形顶管断面不断增大。2003 年,宁波将断面尺寸为 6m×4m 的矩形顶管应用于下穿隧道工程中;上海分别在 2006 年和 2009 年采用断面尺寸为 6.24m×4.36m 和 6.90m×4.20m 的矩形顶管成功修建地铁出入口。2017 年,苏州在城北路综合管廊元和塘顶管工程中采用了断面尺寸为 9.1m×5.5m 的矩形顶管;2018 年,福州采用断面尺寸为 9.02m×9.26m 的矩形顶管,完成白马路与工业路下穿顶管工程。

在顶管工程中,顶推力是顶管前进的动力,是整个顶管工程的控制因素,施工前顶推力预估的准确与否直接影响反力墙、管节的设计强度和千斤顶选型。顶推力预估过大,将导致反力墙和管节的设计强度过高、千斤顶量程选择过大,造成浪费;反之,顶推力预估过小,将导致反力墙和管节因强度不够而出现破坏,无法完成顶进施工。由此可见,顶推力的准确预估是整个顶管工程成功的基础和前提。

在顶进过程中,顶管所受到的侧摩阻力会随着顶程的增大不断增大,相应顶推力也不断增大。为了减小管-土间的侧摩阻力,顶管工程中采用注浆泵,通过管节上预留的注浆孔向管-土之间注入一定量的触变泥浆,将管-土间的干摩擦变成管-浆-土间的湿摩擦,达到减小

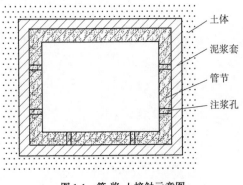

图 1-1　管-浆-土接触示意图

侧摩阻力的目的。理想条件下,注入的触变泥浆在管节周围形成完整泥浆套(图 1-1),此时减阻效果最佳,同时,因注入的触变泥浆静置后絮凝胶结,起到填充和支撑管-土之间空隙的作用,能有效地减少顶管顶进对地层的扰动。

随着城市综合管廊建设的兴起,对管廊内空间需求越来越高。矩形顶管相比圆形顶管,因同等截面面积下其空间利用率更高而得到了广泛使用。但圆形顶管因其形状的特殊性,其传力机制简单、侧摩阻力分布均匀,现阶段顶推力的研究大多基于圆形顶管开展,并取得较大进展,形成了相应规范;相比之下,矩形顶管的研究较为滞后,矩形顶管实际工程中都依靠圆形顶管顶推力计算公式来计算顶推力,误差较大。矩形顶管因其形状与圆形顶管差别较大,侧摩阻力的分布差别较大,使用圆形顶管顶推力计算无法准确预估矩形顶管顶推力大小,不能正确指导工程施工。

1.2　顶管施工技术发展

顶管施工技术作为一种非明挖的地下管道施工方法,具有施工周期短、环境影响效应小、安全性较高、综合成本较低等一系列优点。顶管施工过程中主要借助于千斤顶以及中继间等的推力作用,使顶管机从工作井内出发,穿越土层一直顶推到接收井内。与此同时,紧随在顶管机之后的管片也随着顶管机的顶推过程埋设在两井之间的土体中,达到铺设地下管道的目的。顶管施工如图 1-2 所示。

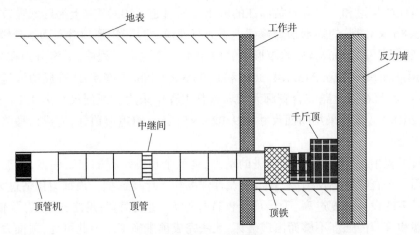

图 1-2　顶管施工示意图

在非开挖管线铺设技术中,顶管施工技术是地下管线工程应用最早的、已逐渐发展成一种被广泛应用的非明挖地下管道施工工艺。随着新技术的发展,顶管工程逐渐向着顶管直径大型化、设备现代化以及顶进距离超长的方向发展。20 世纪 20 年代后期,美国开始使用钢筋混凝土顶管,到 30 年代,美国制定了混凝土顶管施工等相关规范,规定混凝土顶管内径的限定值为 108~1800mm。自此,混凝土顶管施工技术开始得到了长足的发展。单纯从混凝土顶管的管径来看,早期在工程中应用的混凝土顶管管径是 750~2400mm。20 世纪 60 年代以后,在美国率先出现了多点长行程的顶管施工顶进系统,在施工过程中实现了一次性顶进 150m。1957 年德国首次采用混凝土顶管进行顶进施工,1970 年在德国汉堡进行的下水道顶管工程中,第一次实现了一次性顶进距离超过 1000m。在 20 世纪 50 年代末期,日本开始使用混凝土顶管进行施工,并取得了一系列突破;1995 年以后,日本在顶管技术方面的研究侧重于提高顶管的抗震性能、远距离连续顶进、曲线顶管技术等。

我国自 1953 年开始,首先在北京市进行了顶管施工。1956 年,上海市也进行了顶管施工相关试验。我国首次进行顶管施工所采用的管材为铸铁,管径为 900mm,后来逐渐使用平口的钢筋混凝土顶管,顶管管径也从 900mm 逐渐增加到 1600mm。1985 年,我国开始使用 T 形钢套环接口的混凝土顶管,顶管管径进一步增加到 2400mm;1990 年,上海市在合流污水一期工程中开始使用 F 形钢筋混凝土顶管,其管径达到 3500mm。2002 年,西气东输工程中采用了管径 1.8m 的钢顶管,并在地下 23~25m 深处成功穿越黄河,顶进长度达到 1259m。目前,国内单次顶进距离最长的大直径钢顶管工程是汕头市第二过海水管续建工程,该工程单次顶进长度为 2080m。近年来我国典型钢筋混凝土顶管代表性工程见表 1-1。

我国典型钢筋混凝土顶管代表性工程

表 1-1

城市	工程名称	顶管内径(mm)	顶进距离(m)
上海市	奉贤开发区污水排海顶管工程	1600	1511
上海市	奉贤污水南排工程	1600	1856
嘉兴市	嘉兴污水排海工程	2000	2050
上海市	临港新城给水排水管网及污水治理一期 B4 标	2000	1622
上海市	北京西路至华夏西路电力电缆隧道顶管工程	3500	1289
上海市	雪野路电力电缆隧道 A~7 号井顶管工程	3500	884
天津市	开发区第十二大街排水管工程	2000	200
南京市	城北污水处理厂主接水管工程	2200	513
广州市	荔湾湖电力隧道顶管工程	3600	400
广州市	珠江新城电力隧道 E 段顶管工程	3600	400

目前,国内矩形顶管多应用于城市地下人行通道、地铁出入口。城市地下人行通道一般均横穿主要道路,地面交通繁忙,地下市政管线繁多,而“交通”和“管线”是城市地下通道施工的难点。传统明挖法一般采用现浇分段施工,即将横穿道路的通道沿纵向分成几个施工区段分段施工,在未施工区段可维持地面交通,地面交通的维持流量由施工分段数决定,如分两段施工,可维持 50% 的交通流量,如分三段施工,可维持 66% 的交通流量。然而,受施工效率、成本和工期等的影响,施工分段数也有所限制,所以,此方法无法保证施工期间地面交通 100% 的畅通。另外,新建的地下通道一般集中在城市比较繁华的地区,地下管线较多,

采用明挖法建地下通道前还需要进行深基坑围护结构体的施工。与此同时,为了保证地下管线的安全和后续施工的顺利进行,必须将通道上方的市政管线先行搬迁,而且管线改迁必须结合道路同时进行。市政管线的搬迁一般会涉及多个权属单位,各单位间协调工作复杂,某些管线的搬迁工作往往受到一些客观因素的影响而严重影响工期。采用矩形顶管法施工,不但不破坏地面道路结构,不需要搬迁地下管线,而且也不影响现有道路交通的正常运行,一切施工均在道路路面以下进行。

虽然采用矩形顶管法在土建方面的造价要高于明挖法,但结合地下管线的改迁费用、道路整改费用,尤其是地下存在迁移费用较高的管线(如通信管、电力管等)时,采用矩形顶管法的综合造价往往会偏低。其次,矩形顶管法施工占地面积小,施工期间无噪声,地面沉降及地下管线的变形均在可控范围,对周边环境影响也小。如果将道路通行受阻、施工噪声等社会成本也考虑进来,矩形顶管法相对于传统明挖法则有无可比拟的优势。

地铁车站出入口通道采用矩形顶管技术施工,应考虑的影响因素有出入口通道的客流情况及建筑功能、工程水文地质条件、沿线穿越的控制性地下管线、地面建(构)筑物及道路交通状况、最小覆土、结构抗浮、结构受力等。

矩形顶管法适用条件如下:

(1)矩形顶管法适用于黏土、淤泥质黏土、粉质砂土及砂质粉土等较软弱地层中。

(2)限于矩形顶管施工设备的特点,目前采用矩形顶管施工的管道均为直线,无转弯,且管道的纵向坡度一般以平坡或小于0.5%的坡度为宜。

(3)根据施工工艺的要求,矩形顶管上方的覆土厚度一般要求不小于$1.1H$(H为管节外包高度),除满足工艺要求外,顶管的最小、最大覆土厚度还应满足抗浮及结构受力的要求。另外,从工程实施安全性及经济性综合考虑,最小覆土厚度一般取$1.1 \sim 1.25H$为宜。

(4)为确保地下管线的安全,顶管外壁与地下管线的净距离一般要求不小于1.2m,同时应尽量避开管线窨井、接头等位置。如果受现场条件限制无法避开,则应适当加大管线的安全保护距离;对于地下电缆等相对柔性的管线,其与顶管之间的安全距离可相对放宽。

1.3 顶管施工引起土体扰动原因及研究方法

1.3.1 顶管施工引起土体扰动原因分析

顶管施工过程中通常会引起土体扰动,其表现形式主要是地层损失。地层损失分为正常地层损失和不正常地层损失两种。正常地层损失是指在正常顶管施工过程中不能完全消除、必然会产生的施工间隙,但同时可以通过有效的技术措施来减少地层损失对顶管施工的影响。例如:顶管工具管管壁黏附土壤造成的地层损失、工具管与管道的大小不适应造成的地层损失、开挖面的地层损失等。不正常地层损失则是指在正常顶管施工条件下不会发生的地层损失。例如:洞口周围土体由于洞口止水装置的失效发生塌陷,或者因为管节接口处质量不合格导致周围土体流入管道内。这种不正常的地层损失在顶管施工过程中应当杜绝。引起地层损失的原因主要有:开挖面、管道与土体之间存在环形空隙、工具管上方黏附土壤、顶管管道和工具管与周围土体发生剪切作用、顶管纠偏、工作井后靠土体变形等。

（1）开挖面引起的地层损失。

顶管施工过程中进行断面开挖时，即使使用了泥水、土压或气压平衡等技术措施来抵消开挖面前方和上方的土压力，开挖面正面的土体也不会一直保持受力平衡状态。当正面顶推力较小时，开挖面的土体由于土体的侧向土压力会向顶管管道内移动，引起地层损失，从而导致地表下沉；当开挖面的正面顶推力比较大时，开挖面前方土体受到挤压，引起土体向开挖面前方移动，若顶管的埋深较浅，开挖面前方地表会表现出明显的隆起现象。合理控制顶管施工的正面顶推力，保持开挖面前方土体基本处于土压平衡状态，可以有效减小地层损失。

（2）管道与土体之间存在环形空隙引起的地层损失。

管道与土体之间存在空隙的原因主要有4个：

①触变泥浆失水，若顶管管道与土体孔隙中的触变泥浆失水，会增大地层损失；

②相邻管片之间不平整，若相邻管片之间的接口不合格，没有达到设计要求，则会增大顶管管道与土体的空隙空间，从而导致更多的地层损失；

③通常情况下，顶管管道外径一般比工具管外径小2~4cm，因此在顶管施工过程中，开挖面后方管道外壁与土体之间会产生环形的空洞，若没有及时采取注浆加固措施，管道周围的土体会受到挤压向环形空隙之中移动，从而导致地层损失；

④管道外径与中继环外径之间存在差异，中继间在顶进施工过程中会带走泥浆，甚至带走管道周围的土体，造成地层损失。

（3）工具管上方黏土造成的地层损失。

顶管施工过程中，因为从第一节管道开始注浆减小摩阻力，顶管的工具管会与周围的土体之间产生直接接触，土体在自重应力的作用下，不可避免地会有一部分土黏附在工具管上方，导致工具管断面面积比顶管管道断面面积大，若这个缝隙不能完全被注浆加固，会导致管道上方土体的下沉，从而引起地层损失。

（4）顶管管道和工具管与周围土体发生剪切作用而引起的地层损失。

顶管施工过程中，工具管会对周围土体产生剪切扰动，从而导致地层的损失。顶管管道由于注浆减小了与土体间的摩阻力，对周围土体的剪切扰动相对较小，但在顶进管道过程中若发生轴线偏离，则会产生局部纵向剪切，管道对周围土体的剪切扰动会增大。所以，当顶管出井不当而偏离轴线位移时，会产生较大的挠曲变形，在工作井附近会产生较大的地层损失。

（5）顶管纠偏引起的地层损失。

顶管施工过程中，或多或少都会出现轴向的偏差，当轴向偏差过大需要进行纠偏措施时，工具管与轴线会形成一个夹角，因此，在纠偏顶进时，工具管对偏转方向的土体会产生挤压力，导致土体的位移变化；同时，在另一侧工具管道与土体之间会产生间隙，这样就导致开挖的断面呈椭圆形，这种情况引起的地层损失即为椭圆形的面积与管道外壁圆形面积的差值。工具管的纠偏幅度和工具管自身的管径及长度决定了该种情况下的地层损失量。

（6）反力墙后土体变形引起的地层损失。

顶管施工过程中，顶管工作井的反力墙由于承受千斤顶的压力会产生很大的变形，在以钢板桩围护为支护的工作井中，这种现象表现得尤其严重。

（7）工具管进出工作井引起的地层损失。

工具管在进工作井和出工作井洞口时，因为洞口空隙封堵不严密或者不够及时而导致水土流失，会产生较大的地面沉降和地层损失。

（8）顶管回弹后退引起的地层损失。

在顶管施工过程中，主千斤顶卸载、更换管节时，管道可能发生回弹，导致开挖面土体的松动或者塌落，从而产生地层的移动。这一部分地层损失在顶进长度较短时表现得尤为明显；当顶进长度较长时，由于顶管管壁与土体之间的摩阻力，管节的回弹量将会减少，因此导致的地层损失也会相对减小。

在上述八种地层损失原因分析中，前三种是属于正常的地层损失，很难避免；后面五种是属于不正常的地层损失，可以通过采取一定的施工控制措施来避免。

1.3.2　顶管施工引起土体扰动研究方法

地下工程中的顶管法施工与盾构法施工都会引起土体扰动，尽管它们有相似之处，但也存在不同之处。因此，对于顶管法施工的研究不仅可以借鉴盾构法的研究成果，还需要结合顶管施工技术的特点进行深入分析。

（1）理论研究。

在顶管法施工引起土体扰动的理论研究方面，国内外学者从不同角度取得了丰富的成果。例如，张孟喜运用球坐标系，建立了土体扰动概念的破坏曲面，并通过此曲面研究了受施工扰动土体的工程性质；徐永福则定量化识别了土体扰动程度；孙钧等研究了受扰动土体的稳定性理论以及城市工程活动对土体扰动的影响，预测并控制了周围环境变形。此外，Lu等通过引入纵向应力和应变，修正了平面应变问题，研究了应力分布以及隧道开挖产生的弹塑性区域。在管-土相互作用方面，Haslem提出了开挖面稳定假设，O'Reilly和Rogers提出了管-土全接触假设，这些假设对于理解顶管施工的土体扰动机理非常重要。其他学者也通过不同的方法，如渗流分析、应变计算等，为顶管法施工的土体扰动提供了理论支持。

（2）数值模拟。

数值模拟作为一种新型科研工具，在实际工程中得到了广泛应用，尽管存在一定的模拟局限性，但其在模拟实际工程工况和土体扰动方面的价值日益凸显。例如，Marco利用FLAC模拟了顶管在黏土中的施工特性，分析了排水和非排水条件下的顶管与土体相互作用，以及超切量对顶管上应力形成的影响。黄吉龙则通过ABAQUS软件模拟了顶管施工，认为顶管施工对周围土体的应力和位移有明显的影响。吴修锋采用有限元模拟分析了正面推力、地层损失和侧摩阻力对土体变形的综合作用。这些模拟结果有助于理解土体扰动的机制。数值模拟方法也为研究泥浆渗透、管道姿态调整、土体位移等方面提供了有力支持。

（3）现场测试与试验研究。

除了理论研究和数值模拟外，现场测试和试验研究也在揭示顶管施工引发的土体扰动方面起到关键作用。学者们通过监测顶管施工过程中各种因素的相互作用来积累经验。例如，G. W. E. Milligan 和 P. Norris 在现场测试中监测了顶管的顶推力、管片连接处的应力分布、土体的应变、环向应力、剪应力等，通过数据分析揭示了不同因素对顶管施工的影响。试验研究也涉及触变泥浆的渗透作用、泥浆减阻、超挖欠挖等多个方面，这些研究成果对于控制土体扰动和环境影响具有重要指导意义。

综上所述，顶管法施工引发的土体扰动研究涵盖了理论研究、数值模拟、现场测试与试验研究，它们各自发挥了重要作用。这些研究成果为优化顶管施工过程、降低环境影响提供了有力支持，也为今后更深入地开展研究和实践提供了基础，对于地下工程领域的发展和环境保护具有重要意义。

1.4　矩形顶管施工工艺及关键技术

1.4.1　矩形顶管施工工艺

矩形顶管施工工艺是指从机械设备开始进入场地到顶进全部结束的整个过程，大致可分为以下四个阶段。

（1）工作井施作。

工作井支护结构一般有钢板桩、沉井、地下连续墙以及新型水泥土搅拌桩墙（SMW）法等形式，根据顶进形式不同，可将工作井制成圆形或矩形。始发井用以安装顶进设备和承受主千斤顶的反作用力，顶管机和后续管节从始发工作井向接收井顶进，一般始发井表面尺寸较接收井尺寸要大。

（2）工具管入洞。

工具管到达接收井前，需先对周围土层做相应的处理，随后凿去接收井壁面进洞口封门处的混凝土或砖墙，将工具管顶进接收井，顶进过程结束。工具管全部进入接收井后，即吊起，并先封闭进洞口处管道与井壁间的缝隙，随后封闭出洞口处管道与井壁间的缝隙。

（3）后续管道的顶进。

工具管机头顶入后，管节随后陆续放入。管道的顶进过程是顶管施工的主要组成部分，它主要包括以下几个方面。

①注浆减摩：在长距离顶管中，注浆减摩是极其重要的环节。随着顶进距离的增加，管道受到的摩阻力逐渐变大，千斤顶的推进力也成比例增大。为了保证顶管正常顶进，必须采用同步注浆的方法，以减小管道侧壁与土体间的摩阻力。

②中继间的使用：由于注浆减摩和提高管材的抗压强度都有一定限度，当超过此限度时，效果就不明显，此时就必须采用中继间进行接力传递。

③定向测量及纠偏：在顶进过程中由于各种不确定因素，管道会偏离预定的线路，这时就需要对管道顶进的轨迹进行定向测量。实际工程中一般利用纠偏千斤顶进行顶管机的纠偏操作。

（4）工具管出洞。

在顶管施工过程中，顶管机的出洞施工具有较大的难度和不确定性。由于顶管机外径小于洞口尺寸，为了确保顶管机安全进出洞，尽量避免因泥水流失而造成地面塌陷，通常需先在洞口附近一定范围内采用高压旋喷、注浆、冻结、深井降水等加固施工措施，接着凿除出洞口封门处的混凝土或砖墙，将顶管机顶入洞口，同时转动顶管机前端刀盘，以切削井壁上剩余的混凝土及土体，工具管出洞，顶进过程结束。

1.4.2 顶管管节构造和工作井设置

（1）出入口矩形顶管管节构造。

在城市轨道交通工程中，采用矩形顶管法施工的部位多为地铁出入口，因此，顶管管节断面尺寸多由建筑净宽、净高等界限要求控制，同时还要考虑施工误差、测量误差、管节加工及运输等因素，顶管壁厚则根据管节受力分析并考虑顶管机的施工工艺来综合确定。

作为人行的地下通道，其一般高度考虑在吊顶下方有 3m 左右的净高，净宽保证在 5m 左右，满足双向人行的要求。目前采用较多的管节内净尺寸（宽×高）为 5m×3.3m，壁厚 0.5m，外包尺寸（宽×高）为 6m×4.3m。管节的结构形式为预制钢筋混凝土结构，管节长度越大，同等长度通道内的接缝越少，漏水环节也减少，可以提高通道的纵向刚度，加快施工进度，降低工程造价。但管节长度主要受到运输条件及起吊设备的限制，不能无限加大，通常为 1.5 ~ 2.0m，混凝土强度等级可取 C40 ~ C50，抗渗等级 0.8MPa。对于混凝土矩形顶管，管节之间采用承插式 F 型接头纵向连接，接缝外侧设钢套环，内侧设有锯齿形橡胶止水圈和双组分聚硫密封膏组成的防水装置，并留设压浆孔。

（2）矩形顶管工作井的设置。

城市地铁地下人行通道施工工作井的位置可以根据现场的场地条件，结合车站建筑的布置情况灵活选取，通常做法是在出入口与车站主体结构相接处设置一个工作井，在道路对面出入口平直段设置另一个工作井。有人防段的出入口，工作井可结合人防段设置，直接利用人防段做局部加宽、加深后即可。若将紧贴车站主体结构的工作井作为始发井，顶推力将直接作用在车站主体结构上，可能给主体结构带来安全隐患。因此，这种类型的工作井一般均按接收井设计考虑。

在场地条件极其困难，即使紧贴车站主体结构也无法设置接收井时，可考虑将车站主体结构直接兼作接收井，此时需要在车站主体结构上预留顶管吊出的施工临时吊装孔。

1.4.3 顶推力的计算及预测

目前，国内外学术界尚没有一致认可的矩形顶管顶推力计算方法，实际矩形顶管工程中顶推力的预测及管节、反力墙的设计主要参考圆形顶管顶推力计算方法进行计算。1986 年，Haslem 提出了挖掘面稳定假设，认为顶管施工中顶管机开挖所形成的毛洞隧道是稳定的，且由于顶管机尺寸略大于管节尺寸，因此认为顶管施工时管节只与隧道底部接触，顶管自重产生的侧摩阻力是顶推力的主要构成部分。1987 年，O'Reilly 和 Rogers 提出了与挖掘面稳定相反的假设，即管-土全接触假设，该观点认为顶管施工过程中顶管机开挖所形成的毛洞隧道不是稳定的,隧道四周土体在开挖时会与管节完全接触,因此,该观点认为顶推力主要由管周所受土压力引起的摩阻力构成。挖掘面稳定假设及管-土全接触假设都对土体与管节接触状态做出了大胆假设,实际中由于隧道围岩的强度不同,管-土可能是全接触、可能是挖掘面稳定,或者介于两者之间,因此,在对管-土接触假设进行选择时需结合地层性质。

国内外许多学者对顶管工程侧摩阻力计算及顶推力预估进行了研究,顶推力研究方法可分为经验公式、理论公式及数值模拟。

(1)经验公式。

国内外部分学者根据工程实测数据,通过对监测数据拟合提出了经验公式。1999年,Chapman等对398个顶管工程顶推力监测数据进行了分析,通过数据拟合分析给出了三种不同类型顶管机尺寸的顶推力计算公式,由于三种顶管机断面尺寸小,因此该经验公式对于小尺寸顶管有一定指导意义。2005年,Najafi等进行了顶管现场试验并结合工程摩阻力监测数据,给出了黏性地层条件下顶管埋深为 3~4.5m、管节直径为 1~1.9m 的圆形顶管工程侧摩阻力。2008年,我国依据较多工程实例数据编写《给排水工程方法和实例》和《市政工程施工手册》,给出了圆形顶管顶推力计算经验公式;2020年,在以往经验公式及现场实测数据的基础上,《综合管廊矩形顶管工程技术标准》(DB32/T 3913—2020)给出了不同地质条件下的平均摩阻力经验表。由于实际工程地质条件、顶管埋深、管节尺寸等不同,经验公式对于新建工程指导性较差。

(2)理论公式。

对于顶管顶推力理论公式的推导主要研究土压力的计算方式、顶管施工影响、减阻泥浆影响。

1999年,王承德针对《给水排水管道工程及验收规范》(GB 50268—97)中顶管顶推力的理论公式,提出了其存在的问题,并针对这些问题对规范公式进行了修正。2007年,韩选江采用太沙基土压力理论计算顶管所受土压力,提出了圆形顶管顶推力计算公式;Broer考虑了顶管顶进过程中的管节偏移和旋转造成的影响,建立了基于软土地层条件下的曲线顶管顶推力计算公式。

2010年,薛振兴考虑管节在土压力作用下变形量的大小,将管道分为刚性管和柔性管,在对管-土相对刚度进行判断的基础上,分别运用土柱理论、马斯顿理论得出刚性管道土压力计算公式和柔性管道土压力计算公式,提出了圆形顶管顶推力计算公式。2012年,白建市等对顶推力计算进行了理论分析,并将提出的公式与现场监测顶推力进行对比分析,提出了在该地质条件下的泥水平衡顶管顶推力计算公式。2013年,熊翦采用管-土全接触假设理论并用普氏卸荷拱理论计算土压力,考虑注浆效果、施工等因素对矩形顶管顶进的影响,引入顶推力安全系数,结合实际工程提出了矩形顶管顶推力计算方法。同年,杨仙等在讨论了普氏理论和太沙基理论适用性的基础上,提出了改进的垂直土压力计算理论公式。2014年,王双等在挖掘面稳定的假设下,利用半无限弹性体中柱形圆孔扩张理论探讨了注浆压力对泥浆套厚度的影响,结合非线性流体力学计算泥浆与管壁接触产生的摩阻力,提出了摩阻力计算公式。2015年,叶艺超等考虑注浆量、注浆压力的不同,假设管-浆-土存在不同接触状态,在此基础上基于弹性半无限空间柱形圆孔扩展理论和幂律流体力学平板模型理论,给出了考虑管-浆-土不同接触状态下的圆形顶管顶推力的计算方法。2017 年,林越翔等考虑顶管埋深影响,分别采用土柱理论和普氏拱理论计算顶管所受土压力,给出了不同埋深条件下仿矩形顶管侧摩阻力计算公式;张鹏等认为泥浆压力作用下隧洞孔壁符合挖掘面稳定假设,同时考虑管-浆-土不同接触状态,采用协调表面 Persson 接触模型分析管-土接触,利用半无限弹性体中柱形圆孔扩张理论及泥浆触变性和流体力学平行平板模型分析管-浆接触,得到了管-土接触及管-浆接触下的圆形顶管顶推力计算公式。2020 年,Kai Wen、Hideki Shimada 等将触变泥浆视为幂律流体采用流体平板模型考虑触变泥浆不同分布状态,提出五种矩形顶管顶推力预测模型及顶推力公式。2018 年,曾勤对类矩形顶管进行受力分析,采用普氏拱理论及土柱理论计算管节所受土压力,在此基础上推导出了类矩形顶管顶推力计算公式;同年,汪家雷、纪新博通过对比国内外不同顶推力计算公式,结果表明,不同顶推力经验公式区别在于所给的平均摩阻力不同,不同理论公式区别在于土压力的计算方法不同。2019 年,张雪婷分别采用土柱理论、太沙基理论、普氏拱理论计算矩形顶管所受土压力,基于摩擦定律给出了矩形侧摩阻力计算公式,并在此基础上推导出了矩形顶管顶推力计算公式。2020 年,薛青松基于修正比尔鲍曼理论、管-浆-土部分接触理论,同时单独考虑顶管机机壳摩阻力的影响,提出了矩形顶管顶推力计算公式,并将公式运用于实际工程,结果表明,提出的公式能很好预估实际顶推力。2021 年,陈孝湘等考虑多曲线顶进姿态对顶管顶进影响,基于曲线顶管管节静力平衡原理及其传递规律,提出顶管顶进顶推力估算公式,并将公式运用于实际工程,结果表明,提出的公式能较好预估实际顶推力。2022 年,孙阳等在考虑触变泥浆特性的前提下,将触变泥浆视为黏性流体并采用纳维斯托克斯及微元法推导出顶管所受管-浆-土侧摩阻力,并进一步得到顶管顶推力计算公式。徐天硕等分析了岩石地层条件下顶管机刀盘滚刀破岩机理、受力模型和影响规律,总结得出岩石地层下的迎面阻力计算公式。

(3)数值模拟。

数值模拟是通过计算机辅助进行顶管施工模拟,通过数值模拟研究顶管顶进管-土相互作用,采用数值监测顶铁处应力,通过应力反算得到顶推力。

综上所述,已有的研究绝大部分是以圆形顶管为研究对象,但圆形顶管与矩形顶管形状及受力相差较大。圆形顶管研究结果无法直接运用于矩形顶管工程,且已有的对于矩形顶管的顶推力研究大多集中在研究矩形顶管管节所受土压力,对于触变泥浆的影响则多依据经验取值,未考虑泥浆在管节与土体之间的分布情况。

1.4.4　触变泥浆配比

触变泥浆一般由水、膨润土、纯碱(Na_2CO_3)、聚丙烯酰胺(PHP)、羧甲基纤维素钠(CMC),部分加入正电胶、表面活性剂、电介质($NaCl$、$CaCl_2$)等材料配置而成。在顶管顶进前通过注浆机械将触变泥浆注入管节与土体之间,力争在管-土之间形成一层泥浆套,顶进施工时泥浆受扰动触变形成浆液起到润滑作用,减小顶管与土体之间的摩阻力,施工结束后触变泥浆静置能起到支持土体作用,减小管节顶进对地层的扰动。

随着顶管向大断面、长距离、深埋方向发展,必然导致施工所需顶推力骤增,若单纯加大顶推力,则需同时提高管节、反力墙设计强度及千斤顶油泵泵量,但管节使用中无需顶进时所需设计强度,且反力墙为临时结构,施工完成需拆除,因而通过提高管节和反力墙设计强度来加大顶推力是不经济的。工程实践表明:在管-土之间压入触变泥浆能较大程度减小摩阻力,从而达到降低顶推力的效果。对于触变泥浆的研究,从开始只加入膨润土,到逐步加入纯碱(Na_2CO_3)、聚丙烯酰胺(PHP)、羧甲基纤维素钠(CMC)材料,很多学者对于触变泥浆的组分配比进行研究。泥浆压入土体后在压力作用下,一部分浆液将渗入土体内部,与土体形成浆-土混合体,Jefferis 考虑土体孔隙率,提出浆液在土体中扩散半径公式。Anagnostou 和 Kovari 提出了不同浆液在土体中渗透半径距离公式。

施工中需要控制浆液在土体中的渗透半径。渗透半径过大,表明泥浆浓度较小,即泥浆黏度较小。同一密度下泥浆的黏度与泥浆中各组分的配比有关,配比不同,泥浆性质不同,泥浆性质直接影响泥浆的润滑效果,影响泥浆与顶管的摩阻特性。肖世国、夏才初等通过试验研究了 5 种浆-土混合体与混凝土、钢管的摩阻特性,得出浆液占比越大,摩擦系数越小的规律。罗云峰测定了不同配比泥浆的相对密度、密度和泥皮厚度,并结合实际工程提出适用于长距离顶管工程的泥浆配合比。王明胜、刘大刚及袁为岭、荣亮等采用控制变量法研究膨润土、纯碱、CMC 及 PHP 四种材料含量对泥浆黏度、失水量、析水率的影响规律。陈月香发现了膨润土(含纯碱)及 PHP 对泥浆黏度、失水量、析水率及泥皮厚度的影响规律,并给出适合沙土和黏土的最佳泥浆配比;刘猛等研究了膨润土中加入石灰对泥浆减阻性能的影响,研究结果表明,石灰占比越高,泥浆的黏聚力和内摩擦角越高;张雪等通过正交试验研究了膨润土、羧甲基纤维素钠(CMC)和纯碱为材料的触变泥浆最优配比,并通过模型试验及电镜扫描等手段研究了触变泥浆的减阻效果,结果表明,膨润土、CMC 及纯碱含量为 10%、0.2%、0.5% 时泥浆的整体效果最好;刘招伟等采用自行设计的试验台架,研究了不同埋深及不同浆-土混合比例对泥浆在砂质土和黏性土地层中扩散半径及减阻效果的影响,结果表明,注浆压力与扩散半径成正比,黏性地层中泥浆劈裂渗透到土体中。李天亮等为研究浆-土混合物与混凝土接触面摩阻特性,采用改进的直剪仪完成对 6 种不同浆-土配比与混凝土直剪试验,结果表明,浆液占比与摩阻系数成反比。刘剑等为研究触变泥浆减阻特性及对地层的扰动机制,对摩阻特性及地层沉降规律进行理论分析,并采用岩土离心模型实验手段对理论结果进行验证,得出了泥浆黏度、失水量对地层沉降的影响规律。

上述研究大部分对膨润土、纯碱、CMC 及 PHP 四种材料或膨润土(含纯碱)及 PHP 材料混合配比进行研究,并给出了与之相对应土体的最佳泥浆配比,但未给出对于使用膨润土、纯碱、CMC 三种材料组成的泥浆对黏度、失水量、析水率及泥皮厚度的影响规律,且上述研究给出的浆液最佳配比均是结合我国北方土质给出,针对南方富水粉质黏土采用膨润土、纯碱、CMC 作为泥浆材料的最佳配比未有试验研究,同时未考虑泥浆材料配比对管-浆-土摩阻特性影响。

1.4.5　管-浆-土摩阻特性

研究人员首先开展了各种结构与土体之间接触面的摩阻特性研究。随着顶管施工技术的广泛使用,推动了土体与混凝土接触面摩阻特性研究,以及减阻泥浆在顶管工程中使用,推动了管-浆及管-浆-土摩阻特性研究。

针对土体与结构物接触面的摩阻特性研究,1961年,Potyondy通过研究不同土料与结构物材料接触面的力学特性,得出土体性状、结构表面粗糙程度是影响土与结构物接触面强度的主要因素;1985年,Desai等采用自制直剪仪研究了土与结构材料接触面的静力特性,并首次开展了土与结构材料接触面的动力特性研究;2001年,胡黎明利用改进的直剪仪开展了砂土与结构物接触面相对粗糙度对接触面物理力学性质影响的剪切试验,结果表明,接触面分为光滑接触面和粗糙接触面,光滑接触面破坏表现为滑动破坏,粗糙接触面破坏表现为剪胀破坏。

在管-浆-土接触面摩阻特性研究方面,Pellet和Kastner首次通过直剪仪完成混凝土管节与不同土体材料的直剪试验,得到了不同土体与混凝土管道直剪的摩擦力系数,2005年,肖世国等采用室内模型试验研究了混凝土与5种浆-土混合物(黏土和触变泥浆)及混凝土与钢管之间的摩阻特性。结果表明,管-土接触时摩阻系数最大,管与浆液混合物之间摩阻系数随浆液占比增大而减小,管-浆接触时摩擦系数最小。2006年,Staheli对Iscimende试验结果进行了一定程度的总结,并将管-土摩擦系数试验结果引入顶管顶推力计算中;同年,范臻辉、肖宏彬等采用改进直剪仪研究不同含水率及干密度的膨润土与混凝土接触特性,结果表明,膨胀土与结构物接触面的剪切曲线为三折线曲线,接触面切向刚度与正压力无关与膨胀土性质有关。2009年,杨有莲等采用环剪仪研究了不同的土与混凝土接触面的力学特性,并考虑泥皮对接触面特性影响,结果表明,泥皮的存在改变了接触面的破坏特性,减小了接触面摩擦角。2010年,Shou K和Yen J等通过开展管-土摩阻试验及不同配比泥浆管-浆摩阻试验,得到了台湾地区管-土及管-浆摩阻系数,2014年,王飞通过模型试验及接触面剪切试验,研究了软土中管-土纵向相互作用摩擦特性,研究表明,管所受轴向摩阻力随着土层上覆有效压力的增加而增大。2019年,陈月香采用直剪仪开展了海滨地区淤泥质土及砂土条件下管-土摩阻试验,以及不同配比泥浆条件下的管-浆摩阻试验,得到了海滨地区淤泥质土及泥土条件下管-土摩阻系数以及管-浆摩阻系数。2019年,李超采用岩石直剪试验研究7类复杂接触条件下砂岩与混凝土管间的剪切摩擦特性,结果表明,管-浆接触条件下平均摩擦因子最小,膨润土泥浆与含砂废弃泥浆两者组合的平均摩擦因子最大。

综上所述,已有研究开展了土体与各结构物接触面特性研究,亦对管-土、管-浆接触面特性进行了研究分析,形成较多理论性成果。对于顶管工程而言,实际工程中会采取管节外打蜡减阻措施。已有对管-土接触面为蜡与土的接触特性研究,且对于管-浆接触研究中,未考虑泥浆材料配比对管-浆-土接触特性影响。

1.4.6 顶进过程数值仿真

数值计算方法对比现场试验,因其所需时间短、成本低而被广泛用于土木工程领域辅助研究,通过数值模拟分析能更为细致观察到顶管施工中顶管与土体之间运动规律。随着顶管法的广泛应用,已有大量研究针对顶管施工进行仿真分析。

2008年,Marco采用UDEC和FLAC 3D对顶管顶进过程进行了模拟,得出岩石顶管工程中顶推力计算时需考虑节理不连续。2008年,黄吉龙等采用数值模拟方法研究了大口径玻璃钢夹砂顶管顶进施工中管节周围土体应力与变形,为玻璃钢夹砂管在顶管工程中的应用提供参考。2015 年,Yen J 等通过 ABAQUS 建立了直线和曲线圆形顶管的数值模型,研究表明摩擦系数对顶推力估算有明显的影响,同时提出在砾砂地层下顶管机尾部间隙对管-土接触面积有明显的影响。2010 年,Mitsutaka Sugimoto 和 Auttakit Asanprakit 将顶管工程中的地层简化为弹簧,管节与土体接触简化为弹性接触,从而模拟了顶管施工过程中管-土的相互作用,进而得出了顶管顶进顶推力。2013 年,Takashi Send 等采用软件模拟了深埋条件下顶管施工中注浆的影响,得到了深埋条件下注浆对顶管施工的影响规律;同年,Barla 等通过 PFC2D 软件建立微型隧道钻机(MTBM)顶进过程中施加的顶推力与地面胶结程度之间的关系;贾蓬首先从数值模拟的角度,提出了根据初始顶推力预估顶进过程中所需顶推力的方法。2015 年,Shou K 和 Yen J 首次采用位移控制法来模拟顶管顶进过程,解决了传统采用力控制法模拟顶管顶进确定顶推力需多次试错问题,减少了数值模拟时间花费,提高了顶推力的预测精度。2017 年,Kai Wen 和 Hideki Shimada 等引入位移控制法采用有限差分软件 FLAC 3D 对矩形顶管不同注浆情况进行数值模拟,结果表明触变泥浆的加入能够显著降低摩阻力。2019 年,张雪婷采用 ABAQUS 软件模拟矩形顶管顶进过程,研究了顶管-土接触压力和管-土摩擦阻力。2019 年,陈月香采用 ABAQUS 软件引入位移控制法模拟触变泥浆分布、注浆压力对顶推力的影响,得出在注浆情况较好的情况下,浆液能有效减小摩阻力;同年,刘猛等采用显示动力学软件 ANSYS LS-DYNA 模拟顶管顶进过程,研究了单一管节各部位顶推力变化规律,得到了顶推力变化规律。2020 年,焦程龙等采用有限差分法及顶推力-顶程控制方法研究施工停顿、管体悬浮和减阻剂体积等因素对顶管顶进的影响,并用现场监测数据对顶推力预估模型加以验证,结果表明预估模型能很好预估实际工程顶推力。

已有研究在对顶管顶进过程进行数值模拟时,从开始运用力控制法来模拟顶管顶进到采用位移控制法来模拟顶管顶进,精简了模拟方法,对于减阻泥浆的模拟多考虑为减阻泥浆能形成完整泥浆套,但已有研究表明:减阻泥浆并不能在管-土之间形成完整泥浆套,因此,对于减阻泥浆的模拟不够精确,需考虑管-浆-土不同分布状态对顶管顶进的影响。

第2章 矩形顶管摩阻力及顶推力计算方法

顶推力是顶管前进的动力,顶推力大小直接影响顶管的设计强度、反力墙的设计强度。顶推力预估过大,则造成顶管设计强度、反力墙设计强度过高,造成工程不经济;顶推力预估过小,则造成顶管设计强度、反力墙设计强度不够,造成工程无法进行。因此,顶推力预估的准确性直接影响着顶管工程能否顺利顶进。实际矩形顶管工程中,采用经验平均摩阻力计算侧摩阻力,未考虑触变泥浆在管-土间不同分布状态对摩阻力影响,因此,所预估顶推力与实际顶推力相差很大,造成管节与反力墙设计强度设计过高,造成工程浪费。

2.1 矩形顶管与圆形顶管区别

随着顶管法的广泛应用,矩形顶管因利用率比圆形顶管高而逐渐取而代之,但相对于圆形截面研究较为成熟而言,矩形顶管因受力特性及变形与圆形顶管相差较大且较为复杂,两种顶管受力示意图如图 2-1 所示。圆形顶管注浆时,浆液在自重作用下沿着管壁流向管底,浆液填充底部施工缝隙后向上填充管周全部施工缝隙;矩形顶管在转角处进行倒角处理,虽然能较小程度改善泥浆流动,但是泥浆会在矩形顶管的管顶、边墙堆积流动效果无法与圆形顶管相比(图 2-2),导致注浆时泥浆在管周形成的形态不同,因此,无法采用圆形顶管顶推力计算公式计算矩形顶管顶推力。本章只对矩形顶管顶推力计算公式进行推导。

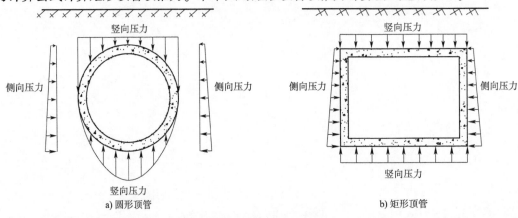

a) 圆形顶管　　　　　　　　　　　　b) 矩形顶管

图 2-1　顶管受力示意图

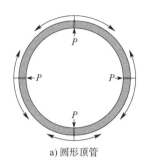
a) 圆形顶管

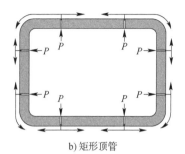
b) 矩形顶管

图 2-2　浆液流动示意图

2.2　顶管注浆工艺

触变泥浆在顶管中的工作原理主要为触变泥浆的注浆减摩作用。触变泥浆减小顶推力的主要原因是在管道与周围土体之间形成了泥浆套。顶管施工中,由于顶管机的外径略大于顶进管外径,触变泥浆从注浆孔中流出,在压力的作用下形成一层厚 10 ~ 30mm 的泥浆套,泥浆套在不受扰动的情况下处于固态,能防止内部泥浆向外部土层发生渗漏。当顶管向前顶进时,由于触变泥浆的触变性,触变泥浆受到扰动后变成流体,减小了与外部土层之间的摩擦力;同时,流态的触变泥浆可以对顶管产生一定的浮力,减小顶管的有效重力,进而减小摩擦力。因此,泥浆套施工成形质量将直接影响管道顶进过程中所需顶推力大小。

触变泥浆由膨润土、纯碱、羧甲基纤维素钠(CMC)、聚丙烯酰胺(PHP)按一定比例混合而成。注入管-土之间的触变泥浆,受扰动后具有流动性,能减小管节所受到的侧摩阻力;静止时呈絮凝状,起到支撑地层的作用,减小顶管施工对地层的扰动。施工时,通过顶管预留注浆孔进行注浆,为保证注浆不引起地表上浮,注浆压力最大值不能大于 1 倍上覆土压力。顶管顶进施工时,对顶管机及后面 4 环顶管进行随顶随注浆(同步注浆)填充施工缝隙(顶管机断面尺寸略大于顶管断面尺寸);对于远离顶管机的顶管,采取每次顶进 10 ~ 15m 进行二次注浆,补充管周触变泥浆。

2.3　管-浆-土接触分类

顶管同步注浆压力最大值为上覆土压力(顶部土压力),顶管侧墙所受土压力小于上覆土压力,底部所受基底反力大于上覆土压力。现场注浆管布置如图 2-3 所示。在相同注浆压力下,触变泥浆在管周分布形态不同,管-浆-土接触状态就不同。基于此,对管-浆-土接触状态进行分类,提出管-土全接触、管-浆全接触、底部管-土接触、顶部管-土接触、顶底部双侧管-土接触 5 种接触状态,如图 2-4所示。

图 2-3　现场注浆管布置

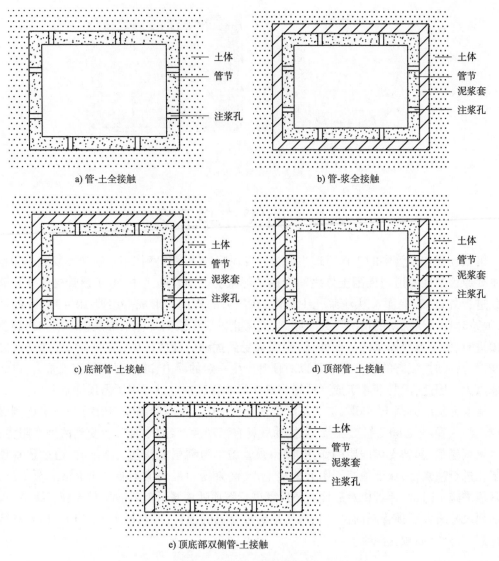

图 2-4　管-浆-土接触示意图

2.4　矩形顶管顶推力计算

顶管工程中顶推力主要由顶管机前方掌子面处的迎面阻力和顶管顶进过程中顶管与周围土体之间产生的侧摩阻力组成,如图 2-5 所示。其中侧摩阻力影响较大,侧摩阻力随顶程的增大而不断增大。迎面土压力与掌子面处土体稳定有关,可认为是一个确定值。

矩形顶管顶推力可按式(2-1)进行计算。

$$F = F_\mu + F_F \tag{2-1}$$

式中:F——顶推力(N);

F_μ——侧摩阻力(N);

F_F——迎面阻力（N）。

掌子面前方的迎面阻力主要与管节的埋深有关，无法采用技术手段降低。对于采用土压平衡顶管机或泥水平衡顶管机的工程来说，为了防止开挖造成掌子面土体塌方和隧道上方地表沉降，顶管机必须给掌子面土体施加压力来平衡土体侧压力，因此，可以认为迎面阻力是一个定值。对于实际工程而言，当顶管埋设深度、管节尺寸、地层类型、顶管机的类型确定以后，顶管掌子面处的迎面阻力是可以确定的。对于采用顶管机进行顶进作业的工程，迎面阻力 F_F 主要由作用在切屑刀盘上的阻力 F_1 和切削面上的压力 F_2 两部分组成，可由式(2-2)计算。

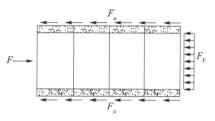

图2-5 管节受力示意图

$$F_F = F_1 + F_2 = \eta \pi R_1^2 f_1 + \pi R_1^2 f_2 \tag{2-2}$$

式中：η——切削刀盘开挖覆盖率；

R_1——刀盘半径（m）；

f_1——刀盘单位面积阻力，对于黏性土层，f_1 取 0.15MPa，对于砂砾层，f_1 取 0.30MPa；

f_2——土仓压力。

将式(2-2)进行简化，得到式(2-3)：

$$F_F = (P_e + P_w) \times A \tag{2-3}$$

式中：A——顶管机截面面积（m²）；

P_e——挖掘面压力（MPa）；

P_w——注浆压力，对于黏性土层，P_w 取 0.15MPa，对于砂砾层，P_w 取 0.30MPa。

2.5 不同"管-浆-土"接触状态下摩阻力计算

2.5.1 浅埋条件下不同"管-浆-土"接触状态下摩阻力计算

当顶管埋深为浅埋时，不考虑土体成拱效应，基于管-土全接触假设，计算顶管所受土压力，计算简图如图2-6所示。

（1）管-土全接触。

顶进过程中，顶管机机尾进行同步注浆，快速填充施工空隙，但是随着顶管的不断顶进，触变泥浆被不断挤压渗入土体或流向侧墙，此时若没有及时进行二次注浆，顶管与土体将从"管-浆-土"演化为"管-土"接触状态，触变泥浆仅起到支撑地层作用，未能减小侧摩阻力（图2-4a）。

垂直土压力：

$$q_v = \gamma d \tag{2-4}$$

顶部单位长度侧摩阻力：

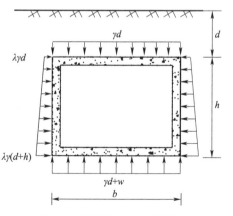

图2-6 顶管所受土压力计算简图

$$f_v = \mu_2 \gamma db \tag{2-5}$$

土体支撑力：

$$q_r = \gamma d + w \tag{2-6}$$

底部单位长度侧摩阻力：

$$f_r = \mu_2 (\gamma db + w) \tag{2-7}$$

水平土压力：

$$\begin{cases} q_a = \lambda \gamma d \\ q_b = \lambda \gamma (d + h) \end{cases} \tag{2-8}$$

侧墙侧摩阻力：

$$f_h = \mu_2 (\lambda \gamma h^2/2 + \lambda \gamma dh) \tag{2-9}$$

单位长度侧摩阻力：

$$f = f_v + f_r + 2 \cdot f_h = \mu_2 (2\gamma db + \lambda \gamma h^2 + 2\lambda \gamma dh + w) \tag{2-10}$$

管-土全接触摩阻力计算公式：

$$F_\mu = \mu_2 l (2\gamma db + \lambda \gamma h^2 + 2\lambda \gamma dh + w) \tag{2-11}$$

式中：μ_2——管-土之间摩擦系数；

γ——土体重度（kN/m^3）；

d——顶管埋深（m）；

l——顶进距离（m）；

λ——土体侧压力系数；

b、h——管节截面参数（m）；

w——管节自重（kN/m）。

（2）管-浆全接触。

施工中同步注浆压力达到管节所需注浆压力时，管节周围土体之间形成完整泥浆套，并且能及时进行二次注浆补浆，此时的注浆效果为最理想结果，能较好地降低摩阻力，表现为管-浆全接触（图2-4b）。

垂直土压力：

$$q_v = \gamma d \tag{2-12}$$

顶部单位长度侧摩阻力：

$$f_v = \mu_1 \gamma db \tag{2-13}$$

泥浆套支撑力：

$$q_r = \gamma d + w \tag{2-14}$$

底部单位长度侧摩阻力：

$$f_r = \mu_1 (\gamma db + w) \tag{2-15}$$

水平土压力：

$$q_a = \lambda \gamma d \tag{2-16}$$

$$q_b = \lambda \gamma (d + h) \tag{2-17}$$

侧墙侧摩阻力：

$$f_{\mathrm{h}} = \mu_1(\lambda\gamma h^2/2 + \lambda\gamma dh) \tag{2-18}$$

管-浆全接触摩阻力计算公式：

$$F_{\mu} = \mu_1 l\{[2\gamma d(\lambda h + b)] + \lambda\gamma h^2 + w\} \tag{2-19}$$

式中：μ_1——管-浆摩擦系数；

$\quad\quad\lambda$——侧压力系数；

$\quad\quad w$——管节自重（kN/m）。

（3）底部管-土接触。

当同步注浆压力产生的浮力不足以抵消管节自重时，管节底部触变泥浆在管节自重下挤压流向侧墙，此时，管节底部与土体直接接触，表现为底部管-土接触（图 2-4c）所示。顶推力按式（2-20）计算：

$$F_{\mu} = l[\mu_1(\gamma db + \lambda\gamma h^2 + 2\lambda\gamma dh) + \mu_2(\gamma db + w)] \tag{2-20}$$

（4）顶部管-土接触。

当顶部未形成泥浆套，将顶部接触考虑为管-土接触（图 2-4d）。顶推力计算公式见式（2-21）：

$$F_{\mu} = l[\mu_1(\gamma db + w) + \mu_2\gamma db + \mu_1(\lambda\gamma h^2 + 2\lambda\gamma dh)] \tag{2-21}$$

（5）顶底部双侧管-土接触。

当施工注浆压力不足以在管节顶、底部形成泥浆套时，管节与土体形成双侧管-土接触，此时管节上下两部分与土体接触，两侧与泥浆套接触（图 2-4e）。顶推力可用式（2-22）计算：

$$F_{\mu} = l[\mu_1(\lambda\gamma h^2 + 2\lambda\gamma dh) + \mu_2(2\gamma db + w)] \tag{2-22}$$

2.5.2　深埋条件下不同"管-浆-土"接触状态下摩阻力计算

当顶管埋深为深埋时，土体会在顶管上方形成塌落拱，本书采用普氏拱理论计算顶管所受土压力。普氏拱理论示意如图 2-7 所示。

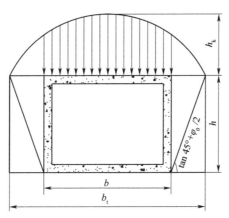

图 2-7　普氏拱理论示意图

根据普氏拱理论，塌落拱宽度按式（2-23）计算：

$$b_{\mathrm{t}} = b + 2h\tan(45° - \varphi_0/2) \tag{2-23}$$

塌落拱土体的高度按式(2-24)计算：

$$h_k = \frac{b_t}{f} \tag{2-24}$$

其中，f为普氏系数，按式(2-25)计算：

$$f = \tan\varphi + \frac{c}{\sigma} = \tan\varphi_0 \tag{2-25}$$

式中：c ——土体内聚力(MPa)；

$\quad\sigma$ ——土体剪切破坏时的法向应力(MPa)；

$\quad\varphi_0$ ——似摩擦角。

(1)管-土全接触。

考虑塌落拱效应，当不考虑触变泥浆的减阻效果时，竖向土压力按式(2-26)计算：

$$q_v = \gamma h_k = \frac{\gamma b_t}{f} = \frac{b/2 + h\tan(45° - \varphi_0/2)}{\tan\varphi_0} \tag{2-26}$$

侧向土压力采用朗肯主动土压力理论计算：

$$q_a = \frac{\gamma_0 b_t}{f} K_a$$

$$q_b = \left(\frac{\gamma_0 b_t}{f} + \frac{\gamma h}{2}\right) K_a - 2c\sqrt{K_a} \tag{2-27}$$

管-土全接触侧摩阻力计算式为：

$$F_\mu = \mu_2 l \left[\frac{2\gamma b_t}{f}(b + hK_a) + wb + \gamma h^2 K_a - 4hc\sqrt{K_a}\right] \tag{2-28}$$

(2)管-浆全接触。

当触变泥浆在管节周围形成完整泥浆套，管-浆全接触按照式(2-29)计算：

$$F_\mu = \mu_1 l \left[\frac{2\gamma b_t}{f}(b + hK_a) + wb + \gamma h^2 K_a - 4hc\sqrt{K_a}\right] \tag{2-29}$$

(3)底部管-土接触。

当顶管底部因注浆量不足出现未形成泥浆套，此时，将管节底部与土的接触简化为管-土接触，管-土接触按式(2-30)计算：

$$F_\mu = \mu_1 l \left[\frac{\gamma b_t}{f}(b + hK_a) + \gamma h^2 K_a - 4hc\sqrt{K_a}\right] + \mu_2 lb \left(\frac{\gamma b_t}{f} + w\right) \tag{2-30}$$

(4)顶部管-土接触。

当顶管顶部因浆液流走出现未形成泥浆套，此时，将管节底部与土的接触简化为管-土接触，管-土接触按式(2-31)计算：

$$F_\mu = \mu_1 l \left[\frac{\gamma b_t}{f}(b + hK_a) + wb + \gamma h^2 K_a - 4hc\sqrt{K_a}\right] + \mu_2 l \frac{\gamma b_t}{f} b \tag{2-31}$$

(5)顶底部双侧管-土接触。

当顶管顶、底部因注浆量不够出现未形成泥浆套，此时，将管节底部与土的接触简化为管-土接触，管-土接触按式(2-32)计算：

$$F_{\mu} = \mu_1 l \left[\frac{\gamma b_{\mathrm{t}}}{f} h K_{\mathrm{a}} + \gamma h^2 K_{\mathrm{a}} - 4hc\sqrt{K_{\mathrm{a}}}\right] + \mu_2 lb \left(\frac{2\gamma b_{\mathrm{t}}}{f} + w\right) \tag{2-32}$$

2.6 "管-浆-土"接触摩阻系数计算

当管-浆接触时,此时的管-浆摩阻系数为 μ_1,触变泥浆无法在管节四周形成完整泥浆套,顶管存在管-土接触,此时管-土摩阻系数为 μ_2。本书后续章节将通过试验得到管-浆摩阻系数及管-土摩阻系数,而管-浆摩阻系数和管-土摩阻系数则由其各自摩擦角决定,计算如式(2-33)。

$$\begin{cases} \mu_1 = \tan\delta_1 \\ \mu_2 = \tan\delta_2 \end{cases} \tag{2-33}$$

式中:μ_1——管-浆摩阻系数;

μ_2——管-土摩阻系数;

δ_1、δ_2——分别为管-浆、管-土接触摩擦角。

第3章 触变泥浆配比及其对管-浆-土摩阻特性影响

管-土之间的摩阻特性是影响顶管顶推力的主要因素。通过特定的试验仪器和装置,研究管-土之间的摩阻特性以及涂蜡对管-土摩阻的影响,即通过改变触变泥浆配比分析其对管-浆-土摩阻特性的影响,包括膨润土含量、纯碱含量和 CMC 含量对泥浆性能的影响。对管-土摩阻特性以及触变泥浆配比对摩阻特性影响的深入理解,有助于减小顶管工程中的顶推力和改进顶管工程的施工方法。

3.1　管-土摩阻特性试验研究

3.1.1　管-土摩阻试验目的

顶管工程中,顶推力随着顶进距离的增大而不断增大。通常,在管-土之间注入触变泥浆来减小管-土摩阻力,进而减小顶推力。施工时,通常在前 5 节顶管注浆孔内注入触变泥浆,以形成泥浆套,减小管-土之间的摩阻力;顶进施工过程中,每隔 10 ~ 15m 对管节进行二次注浆,防止顶管顶进过程中管-浆不断摩擦浆液造成摩阻力增大,但在顶管顶进过程中,不可避免地出现浆液渗入土体情况,甚至出现管-土之间没有浆液的极端情况。为研究管-土之间摩阻特性,进行室内管-土摩阻特性试验。

通过室内试验开展管-土摩阻特性研究。为使室内试验能较为真实地还原实际情况,试验模型试验应满足相似原理要求,即实际尺寸与模型尺寸必须保持一致的函数关系。但由于本试验研究的是管-土之间的界面摩擦特性,根据库仑摩擦定律,摩擦力是由材料性质决定的,与尺寸无关,故无需考虑模型尺寸。

3.1.2　管-土摩阻试验方法

试验装置由 ZY50-5 型直剪压缩两用仪、小量程拉力计、标准立方体混凝土试块(150mm × 150mm × 150mm)等组成。具体试验装置及试验图如图 3-1 所示,图 3-1a)中剪切盒内尺寸为 500mm × 500mm × 200mm,剪切盒与试验台之间装有滚轴,方便剪切盒移动,剪切盒通过传力梁与水平千斤顶连接,水平千斤顶可实现匀速加载。试验时,水平千斤顶向前移动带动剪切盒向前移动。混凝土试块放置于黏土上面,一端通过钢丝绳与拉力计连接,拉力计固定于试验台上,量程为100N。拉力计能与计算机连接,实时采集拉力随时间变化曲线,钢丝绳为0.5mm无弹性软绳。剪切时,混凝土不会发生滑动,剪切盒带动黏土向前移动而实现剪切功能。根据受力分析可知:拉力计所受拉力即为混凝土与黏土之间的摩阻力。

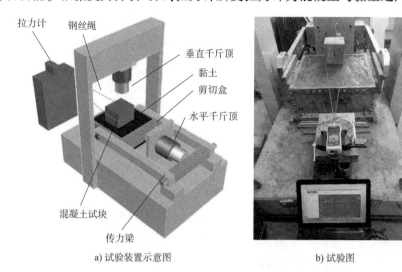

a) 试验装置示意图　　　　　　　　　　　　b) 试验图

图 3-1　ZY50-5 型直剪压缩两用仪试验装置及试验图

试验方法实现了无须考虑剪切时剪切速度是否匀速对摩阻力测量的影响,同时剪切时实现较小速度匀速加载,减少了加载速度对摩阻力测量的影响。实际工程现场摩阻力测量时,可用手拉混凝土试块代替水平千斤顶的拉力。整套仪器安装方便,简单易用,测量精度高。

3.1.3　管-土摩阻试验材料

试验所用黏土为粉质黏土,取自顶管工程渣土,经测试,其含水率为15.1%,天然密度为1.76g/cm³,标准立方体混凝土试块尺寸(长×宽×高)为150m×150m×150mm,抗压强度测试值为27.8MPa,密度为2.3g/cm³。混凝土抗压强度和容重测试如图3-2所示。

a) 混凝土抗压强度测试　　　　　　　　　　b) 混凝土容重测试

图 3-2　混凝土试块物理参数测试

工程中,通过在管节外侧涂蜡(图 3-3)来降低顶管与土体之间的摩擦,从而实现减小阻力及防止顶管背土造成较大地表沉降的目的。

图 3-3　管节现场涂蜡处理

试验时,为了研究管节外侧涂蜡与管节不涂蜡对管-土摩阻特性的影响,在一块混凝土与黏土接触面涂蜡,另一块则不涂蜡,图 3-4 是混凝土表面处理图。

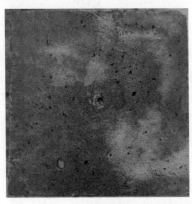

a) 未涂蜡　　　　　　　　　　　　　　　　b) 涂蜡

图 3-4　混凝土表面处理

试验时为研究现场土体压实前后的摩阻力变化情况,对土体分别进行人工夯实及千斤顶压实。采用 ZY50-5 型直剪压缩两用仪垂直千斤顶进行加压,压力设置为 0.1MPa(模拟埋深 5m 顶管所示土压力),土体压密后分别在两种压密土体上进行多次试验,并记录拉力随时间变化值。

3.1.4　管-土摩阻试验过程

安装好试验仪器后,将土体分层装入剪切盒内并分层压密,待土体装完后,采用水平尺测量土体表面平整度,采用刮土板将土体刮至水平状态(模拟顶管机机头对土体压密后土体状态),如图 3-5a)所示。实际工程中将后一节管节插入前一节管节预留钢环内,以避免出现管节前方土体堆积情况。试验时,为防止混凝土棱角锥入土体造成混凝土前方土体堆积而影响摩阻力,对混凝土试块的棱角进行打磨处理,如图 3-5b)所示。混凝土放好后,调节钢丝绳,使其位于混凝土块中部,并调节拉力计使钢丝绳处于水平状态,装置安置好后,将拉力计连接计算机并将其读数置零,之后启动水平千斤顶开始试验。

a) 土体压密、刮平后样貌　　　　　　　b) 混凝土棱角打磨

图 3-5　土体和混凝土试块处理

3.1.5　管-土摩阻试验结果

试验时,启动 ZY50-5 型直剪压缩两用仪水平剪切系统,并将水平剪切速度设置在 0.05mm/s。随着拉力的增大,百分表指针开始没有转动,表明混凝土试块与土体之间未发生滑动,拉力未达到最大静摩擦力;拉力继续增大,百分表指针开始转动,表明此时拉力达到最大静摩擦力;随后,百分表匀速转动,拉力计拉力值基本保持不变,表明此时拉力为滑动摩擦力。

管节与黏土接触面无蜡拉力随时间变化曲线如图 3-6(见彩插)所示。

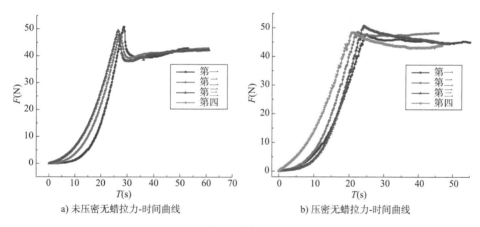

a) 未压密无蜡拉力-时间曲线　　　　　　b) 压密无蜡拉力-时间曲线

图 3-6　管-土无蜡拉力-时间曲线

从图 3-6 中可以发现,拉力随时间增加不断增大,当拉力增大到最大值即最大静摩擦后,拉力减小到一定值后并保持稳定。对比图 3-6a)与图 3-6b)可以发现,当未压密土体所受拉力值达到最大静摩擦拉力值,其会突变到滑动摩擦值,而压密后的土体最大静摩擦值随时间缓慢减小到滑动摩擦值,原因是未压密的土体混凝土滑动前需将土体进一步挤压,将其土体表面压平,因此当土体被压平时,拉力达到了最大值,滑动时拉力则会突然降低到滑动摩擦值。同时还可以发现:虽然未压实土体会出现最大静摩擦突降到滑动摩擦现象,但是压实土体与未压实土体混凝土与黏土之间的最大静摩擦值及滑动摩擦值相差不大。

管节与黏土接触面涂蜡拉力随时间变化曲线如图3-7(见彩插)所示,其规律也是拉力随时间的增加不断增大,当达到最大静摩擦后,拉力随时间增加逐渐减小至滑动摩擦值。

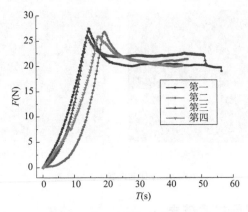

图3-7 管-土涂蜡拉力-时间曲线

对比图3-6、图3-7可以发现,当混凝土表面涂蜡后混凝土与黏土之间的最大静摩擦力值及滑动摩擦力值均减小。

土体有无压实、混凝土接触面有无涂蜡时管-土接触摩阻力测试结果见表3-1。

不同管-土接触类型摩阻力测试结果 表3-1

试验序号	处理方式	最大静摩阻系数	滑动摩阻系数	摩阻降低比例(%)
1	土体未加压,无蜡	0.64	0.54	—
2	土体加压,无蜡	0.63	0.55	—
3	土体加压,有蜡	0.34	0.28	46~48.8

由表3-1中测试数据可知,当在混凝土与黏土接触面不进行涂蜡处理时,土体有无压实对摩阻系数测试影响不大;当在混凝土与黏土接触面涂蜡后,摩阻系数明显减小,最大静摩擦值减小约46%,滑动摩擦减小48.8%,即在混凝土表面涂蜡能较大幅度减小摩阻力。

因此,实际工程中在顶管与土体接触面进行涂蜡处理很有必要。后续顶推力计算中,建议考虑管节涂蜡对管-土及管-浆摩阻特性影响。

基于上述研究发现,在混凝土的管-土接触面涂上石蜡能有效减小管-土之间的摩阻力,因而,顶管施工时需对管节外表面进行细致涂蜡处理。下一节将基于在混凝土与土接触面涂蜡的基础上研究管-浆接触特性。

3.2 触变泥浆配比及其对管-浆-土摩阻特性影响

触变泥浆通常由水、膨润土、纯碱(Na_2CO_3)聚丙烯酰胺(PHP)、羧甲基纤维素钠(CMC)按照一定比例配制而成。实际工程中,按照不同地质条件,可添加PHP或CMC其中一种,或全部添加。

现有研究大多数是研究触变泥浆配比对泥浆黏度、析水率、失水量、泥皮厚度指标影响,通常是在满足施工条件下以最佳配比的膨润土、Na_2CO_3、PHP、CMC 为泥浆主要材料成分。但此最佳配比只是在满足施工要求指标下的配比,未考虑泥浆配比对管-浆接触摩阻特性的影响。应通过综合考量泥浆性能指标和管-浆摩阻特性,给出泥浆配比对性能及管-浆特性的影响规律,本节即分析膨润土含量对触变泥浆性能及管-浆摩阻特性的影响。

3.2.1　触变泥浆配比材料性质

(1)膨润土性质。

膨润土的主要成分为蒙脱石,含有少量高岭石、伊利石、方解石、沸石、石英、长石等无机非金属材料。蒙脱石是由颗粒极细的含水铝硅酸盐构成的层状矿物,分子式为 $(Na,Ca)_{0.33}$ $(Al,Mg)_2[Si_4O_{10}](OH)_2 \cdot nH_2O$,中间为铝氧八面体,上下为硅氧四面体所组成的 2:1 型三层片状结构的黏土矿物,在晶体构造层间含水及一些交换阳离子,有较高的离子交换容量,具有较高的吸水膨胀能力。蒙脱石晶体结构如图 3-8(见彩插)所示。

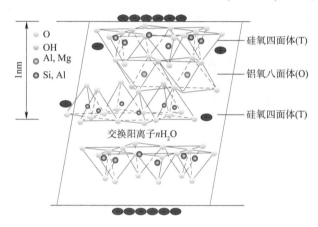

图 3-8　蒙脱石晶体结构

当蒙脱石层间的阳离子是 Na^+ 时称为钠基膨润土,当层间的阳离子为 Ca^{2+} 时称为钙基膨润土,当层间阳离子为 H^+ 时称为氢基膨润土,当层间阳离子为有机阳离子时称为有机膨润土。

将膨润土放入水中,膨润土会因为水的加入使晶体之间的间距变大,水分子随之进入晶体间,同时,在水的作用下膨润土中的矿物阳离子发生交换,这是膨润土遇水膨胀的原因。

膨润土除了具有遇水膨胀特性之外,还具有吸附性及造浆性。工程中常利用其吸附性配置不同浓度的浆液,其造浆性则指膨润土的絮凝性。顶管工程中加入由膨润土及其他材料制成的触变泥浆,以期达到降低管-土之间的摩阻力、支撑并固结土体的作用。

(2)纯碱性质。

纯碱是碳酸钠的别称,是一种无机物,其化学式为 Na_2CO_3,属强碱弱酸盐,其水溶液 pH 值大于7,具有一定碱性,故称作纯碱,被广泛用于工业生产,用作洗涤剂、清洗剂。

顶管工程中以纯碱为原料配置触变泥浆,利用纯碱的润滑作用来减小管-土间的摩阻力。

（3）CMC 性质。

CMC 是一种通过对天然纤维素进行化学改性得到的一种水溶性纤维素醚，其水溶性较差，无法大量保存，工业上通常将其与氯乙酸反应制成钠盐，即羧甲基纤维素钠，简写为CMC-Na，分子式为 $[C_6H_7O_2(OH)_2OCH_2COONa]_n$。

CMC-Na 为白色至淡黄色粉末、粒状或纤维状物质，在 80℃ 以下时其吸湿性强，易溶于水，在中性或碱性时，溶液呈高黏度，因此，在配置触变泥浆时将溶液配置成偏碱性环境。当温度超过 80℃ 后，其黏性有所降低，水溶性变差。因此，CMC-Na 用于石油钻井液时应注意控制温度低于 80℃。

CMC 由于其增稠性、触变性而被广泛用于石油工业掘井泥浆处理剂、食品工业用增稠剂及污水处理。顶管工程中主要利用其触变性。由于 CMC 由大分子链构成，易形成三维结构，此时溶于水 CMC 表现为表观密度上升；当受到扰动后，其三维结构被暂时破坏，CMC 表现为表观密度下降，即其触变性表现为表观密度的变化。

顶管工程中，在触变泥浆中加入 CMC，其能增大泥浆的黏度，减小泥浆的失水量及析水率，提高泥浆质量。

3.2.2　触变泥浆制备及指标分析

以膨润土、纯碱、CMC 为原材料配置触变泥浆。试验中，选用 2000mL 烧杯为配浆容器，按照后续试验要求每次称取总质量为 2000g 的水、膨润土、纯碱、CMC，然后按照质量配比称取膨润土、纯碱、CMC 相应质量到器皿内，并充分搅拌均匀，如图 3-9 所示。称取相对应的一定质量的水，然后将其全部材料倒入烧杯内搅拌 30min，直至材料完全融于水中，并用玻璃板将烧杯盖住静置 24h 进行浆液性能测试。配置好的触变泥浆如图 3-10 所示。

a) 称量CMC、纯碱、膨润土　　　　　　　　b) 搅拌均匀膨润土、CMC、纯碱

图 3-9　触变泥浆制备

现有研究表明，影响触变泥浆减阻效果的指标有密度、黏度、含砂量、pH 值、稳定性、失水量和静切力等指标，但对触变泥浆影响最大的指标为黏度、失水率及析水率三个指标。

（1）黏度。

触变泥浆黏度是影响泥浆流动性的指标，黏度越大，流动性越差；反之，流动性好。采用马氏漏斗黏度计测量触变泥浆黏度，马氏漏斗仪如图 3-11 所示。试验时，向马氏漏斗内装入 1500mL 触变泥浆，工程要求从马氏漏斗内流出 946mL 浆液时间大于 30s。

图 3-10　配置好的触变泥浆

图 3-11　马氏漏斗仪

（2）失水率。

失水率是反映触变泥浆在压力作用下泥浆中水渗入土体量的指标。顶管施工中要求泥浆在 30min 内失水率小于 25mL。采用打气筒滤失仪测量失水率。本试验所采用的打气筒滤失仪为中压滤失仪,打气筒滤失仪容积为 240mL。按照要求需通过打气筒将减压器内压力压制 0.69MPa。开始试验后,将压缩后的气体放入钻井液杯内,然后记录 30min 从钻井液杯内流出水的体积。打气筒滤失仪如图 3-12 所示。

图 3-12　打气筒滤失仪

（3）析水率。

析水率是反映触变泥浆在静止状态下泥浆中的水从泥浆中离析量的指标。采用量筒测量析水率。实际施工中,若泥浆析水率过大,泥浆中的水会在出渣顶进间隙离析出来,增大泥浆黏度,增大顶推力。因此,施工中必须保证泥浆析水率为零。试验中要求泥浆制成 24h 内析水率接近零。

（4）泥皮厚度。

泥皮厚度是指采用打气筒滤失仪测量滤水量后触变泥浆留存在滤纸上的泥浆厚度。纯碱含量 0.3%、CMC 含量 0.1%、膨润土含量分别为 16% 和 20% 时,配制的泥皮如图 3-13 所示。试验时泥皮厚度采用游标卡尺进行测量。

（5）泥浆配制及测试。

配制泥浆时首先依据实际施工时的配比进行多次试配置得到配比初始值,然后根据初始配比每次控制一种材料含量变化,并测定泥浆三大指标。

泥浆摩阻特性测试方法为将不同含量膨润土配置而成的泥浆分别涂抹在粉质黏土表面,涂抹厚度控制在 5mm 范围内,采用上节管-土摩擦试验仪器进行试验,当泥浆涂抹完成后立即启动剪切仪进行试验,防止触变泥浆因静置而沉淀,同时时间过长会在混凝土与浆液表面形成毛细力,增大管-浆之间的接触阻力。

a) 膨润土16%　　　　　　　　b) 膨润土20%

图 3-13　泥皮

3.2.3　膨润土含量对触变泥浆性能影响

在预先完成对多组试验的基础上选用膨润土 6%：纯碱 0.3%：CMC：0.1% 的配比，然后改变膨润土含量，CMC 及纯碱含量不变，以 2% 为梯度增加膨润土含量，测量膨润土含量对触变泥浆三大指标及泥皮厚度的影响，具体试验测试结果见表 3-2，不同含量膨润土对触变泥浆黏度、析水率、失水量、泥皮厚度影响曲线如图 3-14 所示。

膨润土含量变化对触变泥浆的性能影响　　　　　　表 3-2

试验组号	膨润土含量（%）	黏度（s）	析水率（%）	失水量（mL）	泥皮厚度（cm）
1	6	32	5	15.0	0.330
2	8	36	2	14.0	0.412
3	10	38	0	13.0	0.432
4	12	48	0	10.5	0.688
5	14	74	0	9.0	0.814
6	16	162	0	7.5	1.200
7	18	542	0	12.0	1.608
8	20	960	0	12.5	1.764

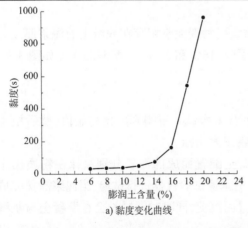

a) 黏度变化曲线　　　　　　b) 析水率变化曲线

图　3-14

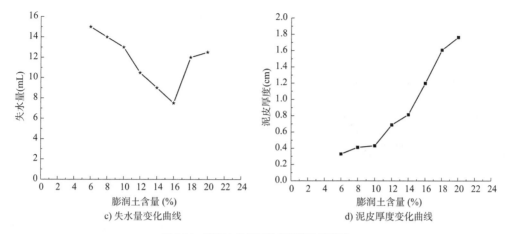

c) 失水量变化曲线　　　　　　　　d) 泥皮厚度变化曲线

图 3-14　膨润土含量对触变泥浆性能影响

从表 3-2 中试验数据和图 3-14 中变化曲线可以看出:

(1)随着膨润土含量的增大,触变泥浆的黏度不断增大,当膨润土含量大于 16% 时泥浆黏度 162s,膨润土含量为 20% 时泥浆黏度 960s,这期间泥浆黏度增幅很大,泥浆从马氏漏斗黏度仪流出状态变为点滴状态,泥浆的流动性逐渐变差。

(2)随着膨润土含量不断增大,泥浆析水率不断减小,当膨润土含量大于或等于 10% 时,泥浆吸水率为零,泥浆具有较好的稳定性,达到施工要求。

(3)泥皮厚度随膨润土含量的增加不断增大,表明随膨润土的增大触变泥浆所能形成的泥浆套越厚。

(4)失水量在膨润土含量小于 16% 前,表现出随膨润土含量增大不断减小趋势,当膨润土含量大于 16% 后,表现出随膨润土含量的增加逐渐增大,这是因为当膨润土含量低时触变泥浆浓度低,打气筒压入钻井液杯内的气体会慢慢地从泥浆中渗透到钻井液杯外面,造成杯内气压下降,泥浆的失水量较小,当泥浆黏度到达一定值时(16%)继续加大黏度,钻井液杯中的气体很难渗透到空气中,气压基本保持不变,出现泥浆失水量增大的现象。

综合分析图 3-14 中泥浆黏度、析水率、失水量、泥皮厚度变化曲线可知,随着膨润土含量增大,表现为黏度、泥皮厚度持续增大、析水率逐渐减小、失水量出现先增大后减小。当膨润土含量大于 16% 后,虽然泥皮厚度不断增大,但是泥浆从漏斗内流出状态变为点滴状态,即流动性较差,这会造成泥浆堆积在小范围内形成较厚泥皮,而无法向周围流动形成完整泥浆套,不符合预期形成完整泥浆套的想法,故当地层为粉质黏土层、纯碱与 CMC 比例为 0.3% : 0.1% 时触变泥浆中膨润土含量不应大于 16%。观察图 3-14b)中析水率曲线发现当膨润土含量为 12% 时,泥浆的析水率为 0,泥浆有较好的稳定性,已经符合施工要求,且此时的黏度为 48s,大于 30s(泥浆最小黏度界限),满足施工要求,同时失水量为 10.5mL(小于 25mL),满足施工要求,因此泥浆配置中膨润土含量下限值可以选用 12%。

通过上述分析可知:在纯碱含量为 0.3% 和 CMC 含量为 0.1% 时膨润土最优含量为 12% ~ 16%。因此,在针对纯碱及 CMC 含量对触变泥浆影响研究中,需将膨润土含量设为 12% 及 16% 两个工况,分别展开研究。

3.2.4　膨润土含量对管-浆-土摩阻特性影响

图 3-15　摩阻特性室内试验

将完成上述泥浆指标试验后的浆液搅拌,使其由絮凝状态变为溶胶状态,采用管-土接触特性试验装置,将浆液均匀涂抹在土体表面,在表面形成 5mm 厚泥浆层,并立即将底部涂有石蜡的混凝土试块放置于浆液上方,启动剪切仪进行管-浆摩阻试验,使用拉力计采集试验数据,如图 3-15 所示。试验中每次剪切完成后对土体剪切面进行浆液补充,再进行下一次试验,每组试验重复 10 次,取其中规律较为接近的六组试验进行分析。

经试验求得纯碱含量 0.3% 、CMC 含量 0.1% 时,不同膨润土含量下触变泥浆管-浆-土摩阻力-时间曲线如图 3-16(见彩插)所示。

由图 3-16 可知:

(1)随着剪切时间的增加拉力计拉力均持续增大,当拉力增大到管-浆最大摩阻力后,随着剪切时间的增加,拉力突然减小,然后在小范围内波动,这与最大静摩擦大于滑动摩擦的常理相一致。

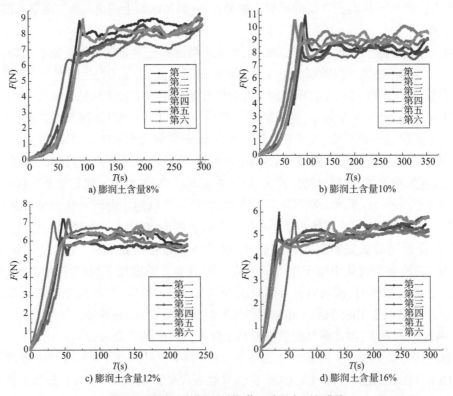

a) 膨润土含量8%

b) 膨润土含量10%

c) 膨润土含量12%

d) 膨润土含量16%

图 3-16　膨润土不同含量时管-浆-土摩阻力-时间曲线

（2）随着试验次数的增加会出现最大静摩擦力小于滑动摩擦力的情况,可能原因是在每次管-浆剪切前,混凝土会在起始剪切处停的时间更长,浆液被不断挤入土体,造成起始剪切处能形成较为完整的泥浆膜,其余部分形成的泥浆膜不完整。

（3）随着试验次数的增加,管-浆之间的最大静摩阻力出现小范围减小,通过对现场管-浆接触面观察得出,随着试验的重复浆液渗入土体,在土体表面形成泥浆膜,从而出现最大静摩阻力减小的现象,如图 3-17 所示。

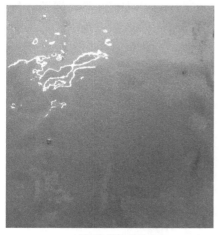

a) 剪切前泥浆膜形态   b) 剪切后泥浆膜形态

图 3-17　剪切前后泥浆形态变化

（4）试验中发现在纯碱和 CMC 含量不变时膨润土含量越高(黏度越大),剪切过后形成的泥浆膜越完整,这与图 3-16 中随着膨润土含量的增加管-浆之间的摩阻力不断减小结论相一致。

由试验测试结果可得不同膨润土含量下管-浆摩阻系数见表 3-3。

不同膨润土含量下管-浆摩阻系数　　　　表 3-3

膨润土含量	最大摩阻系数	滑动摩阻系数（平均值）	滑动摩阻系数（范围值）	摩阻降低比例（%）
0（无蜡）	0.630	0.550	0.530 ~ 0.570	—
8%	0.120	0.100	0.088 ~ 0.120	64
10%	0.138	0.106	0.094 ~ 0.120	62
12%	0.088	0.075	0.069 ~ 0.082	73
16%	0.075	0.063	0.056 ~ 0.075	78

由表 3-3 试验数据可知,相比管-土之间无浆液的摩阻系数,在管-土之间添加触变泥浆摩阻系数降低了 64%,减阻效果明显;随着膨润土含量的增加,管-浆摩阻系数不断减小,即在泥浆具有流动性的前提下,增加膨润土含量能降低管-浆之间摩阻力。

3.3 纯碱含量对触变泥浆性能和管-浆-土摩阻特性影响

3.3.1 纯碱含量对触变泥浆性能影响

以膨润土含量 12% 和 16% 为基础,纯碱含量设定以 0.1% 为变化梯度、CMC 含量为 0.1% 配置好触变泥浆,静置 24h 后开始测量触变泥浆性能指标。其中膨润土含量 12%、CMC 含量 0.1%、纯碱含量 0% 和 0.4% 的配比下触变泥浆析水性能如图 3-18 所示。

a) 纯碱含量0% b) 纯碱含量0.4%

图 3-18 纯碱含量不同时触变泥浆析水性能

试验测得膨润土含量 12% 时纯碱含量对触变泥浆性能影响见表 3-4。

膨润土含量 12%、CMC 含量 0.1% 配比下纯碱含量对触变泥浆性能影响如图 3-19 所示。

膨润土含量12%时纯碱含量对触变泥浆性能影响   表 3-4

试验组号	纯碱含量(%)	黏度(s)	析水率(%)	失水量(mL)	泥皮厚度(cm)
1	0.0	32	50	18.0	0.330
2	0.1	39	20	11.0	0.400
3	0.2	44	0	10.5	0.430
4	0.3	48	0	11.5	0.550
5	0.4	49	0	11.5	0.600
6	0.5	44	0	11.5	0.618
7	0.6	39	0	11.5	0.634

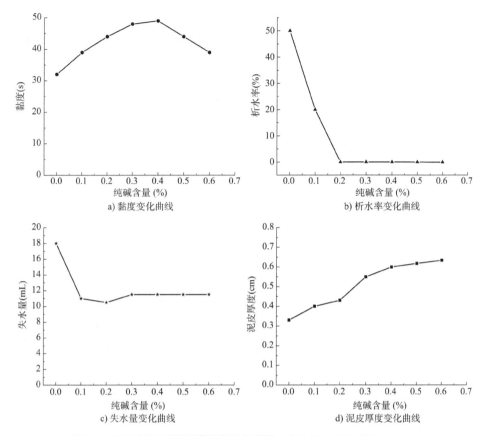

图 3-19 纯碱含量对触变泥浆性能影响(膨润土含量12%、CMC含量0.1%)

由图 3-19 可知,随着纯碱含量不断增大,泥浆的黏度出现了先增大后减小的趋势,黏度最大出现在纯碱含量0.3%～0.4%之间;当纯碱含量大于0.1%后,泥浆的失水量基本保持不变,即纯碱含量(>0.1%)对泥浆失水量影响较小;当纯碱含量为0.2%及以上,泥浆的失水量为10mL左右,即当纯碱含量为0.2%及以上时纯碱含量对泥浆失水量无影响。泥浆析水率在纯碱含量小于0.2%时大于0,不满足施工要求;当纯碱含量大于0.2%后泥浆的析水率为零,满足施工要求。综合分析膨润土含量为12%、CMC含量为0.1%时不同纯碱含量对泥浆黏度、失水量、析水率的影响,可以得出纯碱最佳含量为0.2%～0.4%。

为了检验膨润土含量是否会对纯碱性质影响,在膨润土含量12%试验的基础上开展了膨润土含量16%时不同含量纯碱对触变泥浆性能影响,试验结果见表3-5。膨润土含量16%、CMC含量0.1%配比下纯碱含量对触变泥浆性能影响曲线如图3-20所示。

膨润土含量16%时纯碱含量对触变泥浆性能影响 表 3-5

试验组号	纯碱含量(%)	黏度(s)	析水率(%)	失水量(mL)	泥皮厚度(cm)
1	0.0	33	54	20.0	1.110
2	0.1	50	24	11.5	1.200
3	0.2	119	0	10.5	1.217
4	0.3	162	0	7.5	1.200

续上表

试验组号	纯碱含量(%)	黏度(s)	析水率(%)	失水量(mL)	泥皮厚度(cm)
5	0.4	135	0	13.5	1.238
6	0.5	105	0	13.0	1.116
7	0.6	95	0	13.5	1.107
8	0.7	90	0	13.5	1.100

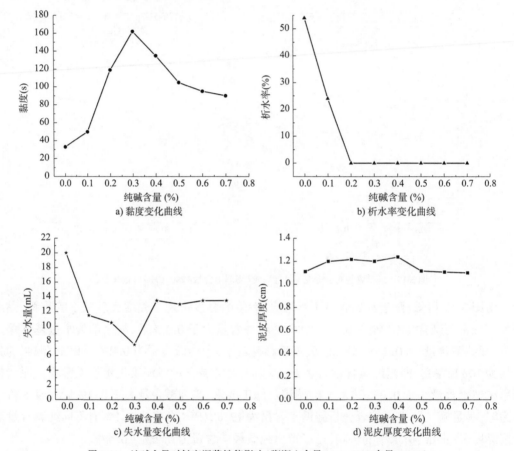

图 3-20　纯碱含量对触变泥浆性能影响(膨润土含量 16%、CMC 含量 0.1%)

从图 3-20 中亦可以看出,泥浆黏度随纯碱含量的增大出现先增大后减小的变化规律,纯碱含量 0.3% 时泥浆黏度达到了最大值 163s。泥浆析水率亦是纯碱含量小于 0.2% 时析水率大于零,不满足施工要求;纯碱含量大于 0.2% 后泥浆析水率为零,满足工程要求。泥浆失水量随纯碱含量增加出现先减小后增大,然后基本保持不变,纯碱含量 0.3% 时失水量最小。泥皮厚度亦是随着纯碱含量的增加出现先增大后减小的规律。纯碱最优含量为 0.2% ~0.4%。

对比图 3-19、图 3-20 可知,膨润土含量不会影响纯碱性能,即触变泥浆中膨润土基本不与纯碱发生化学反应。

3.3.2　纯碱含量对管-浆特性影响

为了研究纯碱含量的触变泥浆对管-浆接触特性影响,分别开展了以膨润土含量为12%、16%,CMC 含量为 0.1% 不同纯碱含量时的管-浆摩阻试验。

膨润土含量 12%、16%,CMC 含量为 0.1%,不同纯碱含量配比泥浆的管-浆摩阻力-时间关系曲线如图 3-21(见彩插)和图 3-22(见彩插)所示,试验结果表明,摩阻力随时间先持续增大达到最大静摩阻力,后减小至滑动摩阻力,之后保持小范围内波动。

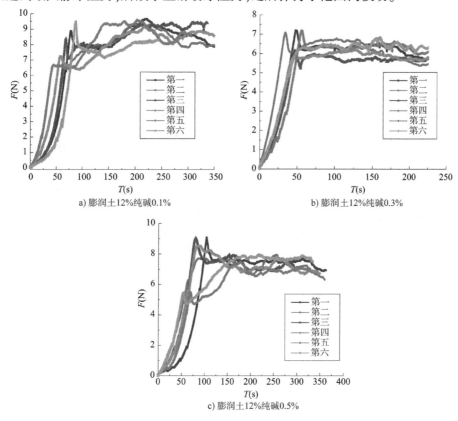

a) 膨润土12%纯碱0.1%　　　b) 膨润土12%纯碱0.3%

c) 膨润土12%纯碱0.5%

图 3-21　不同纯碱含量泥浆的管-浆摩阻力-时间关系曲线

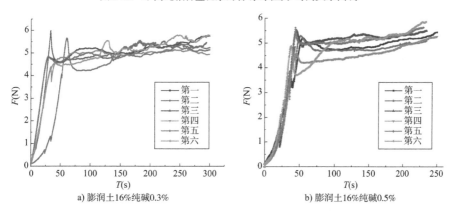

a) 膨润土16%纯碱0.3%　　　b) 膨润土16%纯碱0.5%

图 3-22　不同纯碱含量泥浆的管-浆摩阻力-时间关系曲线

膨润土含量12%、16%,CMC含量为0.1%,不同纯碱含量配比泥浆的管-浆摩阻系数测试值见表3-6和表3-7。

不同纯碱含量下管-浆摩阻系数　　　　　　　　　　表3-6

纯碱含量(%)	最大静摩阻系数	滑动摩阻系数(平均)	滑动摩阻系数(范围)
0.1	0.119	0.106	0.100~0.112
0.3	0.088	0.075	0.069~0.082
0.5	0.106	0.094	0.094~0.100

不同纯碱含量下泥浆的管-浆摩阻系数　　　　　　　　表3-7

纯碱含量(%)	最大静摩阻系数	滑动摩阻系数(平均)	滑动摩阻系数(范围)
0.3	0.075	0.063	0.056~0.075
0.5	0.069	0.062	0.056~0.069

测试结果表明:

(1)随着纯碱含量的增加,泥浆黏度增大,摩阻力减小,当纯碱含量增加到0.3%时,泥浆浓度最大,摩阻力最小,随着纯碱含量继续增大,泥浆浓度降低,摩阻力增大。

(2)当纯碱含量为0.3%时,泥浆黏度为162s,摩阻系数为0.0630,当纯碱含量为0.5%时,泥浆黏度为105s,流动性较好,摩阻系数为0.0625,摩阻系数降低。

(3)当CMC一定时,膨润土含量低时,摩阻系数随纯碱含量先减小后增大,纯碱含量0.3%为摩阻系数最小点;膨润土含量高时,摩阻系数随纯碱含量先增大后减小,即膨润土含量低时,通过纯碱提高泥浆黏度能降低摩阻力,膨润土含量高时,通过加入纯碱降低泥浆黏度来降低摩阻力。

3.4　CMC含量对触变泥浆性能影响及管-浆-土摩阻特性

3.4.1　CMC含量对触变泥浆性能影响研究

为了探究CMC含量对触变泥浆性能影响,在膨润土含量12%、纯碱含量0.3%基础上进行研究,按照CMC含量0.1%梯度增加,测量触变泥浆黏度、析水率及失水量指标,具体试验结果见表3-8,CMC含量对触变泥浆性能影响如图3-23所示。

CMC含量对触变泥浆性能影响　　　　　　　　　表3-8

试验组号	CMC含量(%)	黏度(s)	析水率(%)	失水量(mL)
1	0	30	10	25
2	0.1	48	0	10.5

续上表

试验组号	CMC 含量(%)	黏度(s)	析水率(%)	失水量(mL)
3	0.2	70	0	10.5
4	0.3	87	0	10
5	0.4	252	0	5.5

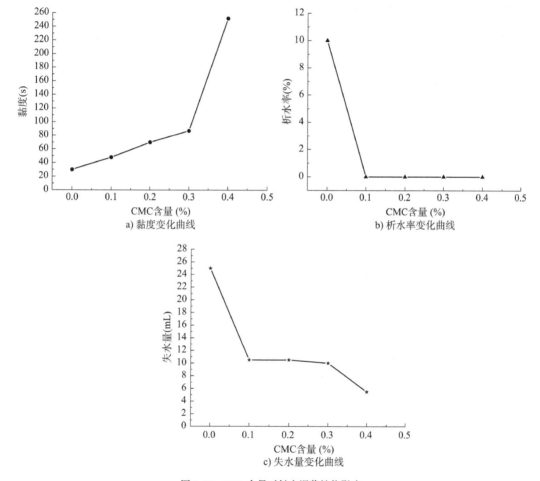

a) 黏度变化曲线

b) 析水率变化曲线

c) 失水量变化曲线

图3-23 CMC 含量对触变泥浆性能影响

从图 3-23 中可以看出,随着 CMC 含量增大触变泥浆黏度不断增大,当 CMC 含量大于 0.3% 后,泥浆黏度迅速增大,从 CMC 含量 0.3% 时的黏度为 87s 增大至 CMC 含量 0.4% 时 252s,泥浆流动性较差,不利于现场施工。泥浆析水率从 CMC 含量 0% 时的 10%(5mL),到 CMC 含量 0.1% 时的 0,之后继续增大 CMC 含量泥浆析水率均为零,即 CMC 含量为 0.1% 时满足施工要求。当 CMC 含量为 0 时,泥浆的失水量较大,为 25mL;当 CMC 含量为 0.1% ~ 0.3% 时,泥浆失水量在 10mL/30min 左右(小于 25mL/30min),但继续加大 CMC 含量泥浆失水量继续减小。

综合 CMC 含量对触变泥浆黏度、吸水率及失水量的影响可以得出：当 CMC 含量为 0.1% 时能满足施工要求。CMC 含量为 0.1% ~ 0.3% 泥浆的黏度增大,且黏度在 100s 范围内,泥浆流动性较好,泥浆析水率、失水量基本不变。试验中同时发现当 CMC 含量大于 0.2% 后继续增加 CMC 含量,配置好的浆液中悬浮的颗粒物越多,无法溶于浆液内,浆液的质量越差。当 CMC 含量为 0.4% 时浆液中有较多悬浮物,浆液质量较差。因此在满足施工的要求下 CMC 含量可以取 0.1% ~ 0.3%。

3.4.2 CMC 含量对管-浆摩阻力特性影响

为了研究不同 CMC 含量的触变泥浆对管-浆摩阻特性影响,开展了以膨润土含量为 12%、纯碱含量为 0.3%,CMC 含量分别为 0.1%、0.2% 和 0.3% 的管-浆摩阻试验,得到不同 CMC 含量时泥浆的管-浆摩阻力-时间关系曲线如图 3-24(见彩插)所示,不同 CMC 含量下泥浆的管-浆摩阻系数测试结果见表 3-9。

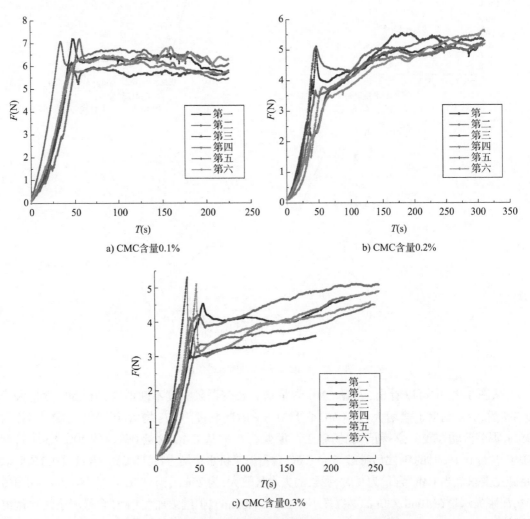

a) CMC含量0.1%　　　　　　　b) CMC含量0.2%

c) CMC含量0.3%

图 3-24　不同 CMC 含量时泥浆的管-浆摩阻力-时间关系曲线

膨润土含量12%、纯碱含量0.3%、不同含量 CMC 下泥浆的管-浆摩阻系数　　表3-9

CMC 含量(%)	最大静摩阻系数	滑动摩阻系数(平均)	滑动摩阻系数(范围)
0.1	0.088	0.075	0.069 ~ 0.0820
0.2	0.063	0.063	0.056 ~ 0.069
0.3	0.056	0.056	0.044 ~ 0.063

由图3-24和表3-9测试结果可知,随着 CMC 含量的增大,管-浆摩阻力减小。随着 CMC 含量的增大,浆液中出现未完全溶于液体的 CMC 颗粒物增多,泥浆稳定性变差,出现滑动摩阻力不稳定的现象。经综合分析可知:CMC 最佳含量为0.1% ~ 0.2%,此时泥浆流动性、稳定性较好。综上所述,土体密实状态不影响管-土间的最大静摩阻力及滑动摩阻力。在此基础上模拟实际工程在混凝土表面涂蜡,开展涂蜡对管-土接触特性影响试验,试验结果表明:在混凝土与土体接触面涂蜡能有效减小管-土之间的摩阻力,与无蜡条件相比有蜡条件的摩阻力降低46%左右,减阻效果明显。

在触变泥浆配比研究上,采用控制变量法逐一开展膨润土、纯碱、CMC 含量对触变泥浆黏性、失水量、析水率三大主要性能指标影响研究,并将配置的浆液进行管-浆-土摩阻试验,通过管-浆-土摩阻试验进一步对触变泥浆配比进行研究,试验结果表明:

(1)膨润土含量与泥浆黏度成正相关;泥浆析水率随膨润土含量的增大而减小,当膨润土含量为10%时泥浆析水率为0,满足工程要求;泥浆失水量随膨润土含量的增大而先减小后增大,膨润土含量12%时泥浆失水量最小;在泥浆流动性较好的情况下,管-浆-土摩阻系数随膨润土含量增大而减小。综合分析泥浆黏度、失水量、析水率、摩阻特性指标可知,膨润土含量可取12% ~ 16%。

(2)泥浆黏度随纯碱含量增大而先增大后减小,纯碱含量为0.3%时,泥浆黏度最大;泥浆析水率随纯碱含量增大而逐渐减小;泥浆失水量先随纯碱含量增大而减小,但纯碱含量为0.2%后,增大纯碱含量,泥浆失水量不再变化;纯碱含量对管-浆-土摩阻特性影响表现为泥浆黏度小时(流动性较好),加入纯碱增大泥浆黏度能减小管-浆-土摩阻力,泥浆黏度大时,加入纯碱减小泥浆黏度,提高泥浆流动性能,减小管-浆-土摩阻力。综合分析泥浆黏度、析水率、失水量、管-浆-土摩阻特性,当膨润土含量为12%、CMC 含量为0.1%条件下,纯碱含量可取0.2% ~ 0.3%;当膨润土含量为16%、CMC 含量为0.1%条件下,纯碱含量可取0.3% ~ 0.4%。

(3)泥浆黏度随 CMC 含量的增大而增大,泥浆析水率随 CMC 的增大而减小,泥浆失水量随 CMC 含量增大而减小;发现随着 CMC 含量的增大,管-浆之间的摩阻力减小。但随着 CMC 含量的增大,泥浆中出现未完全溶于浆液的 CMC 颗粒物增多,泥浆稳定性变差,出现滑动摩阻力不稳定现象,CMC 最佳含量为0.1% ~ 0.2%。

综合分析可知,流动性、稳定性较好的泥浆最佳配比见表3-10,不同配比下的管-浆-土摩阻系数见表3-11。

泥浆最佳配比　　表3-10

组分	膨润土	纯碱	CMC
最佳配比(%)	12 ~ 16	0.3 ~ 0.4	0.1 ~ 0.2

不同配比下的管-浆-土摩阻系数　　　　　　　表 3-11

膨润土：纯碱：CMC 配比	最大静摩阻系数	滑动摩阻系数（平均）	滑动摩阻系数（范围）
12%：0.3%：0.1%	0.088	0.075	0.069 ~ 0.082
12%：0.1%：0.1%	0.119	0.106	0.100 ~ 0.112
12%：0.3%：0.3%	0.056	0.056	0.044 ~ 0.063
16%：0.5%：0.1%	0.069	0.063	0.056 ~ 0.0.069

第4章　矩形顶管摩阻力对顶管施工参数影响

本章研究了矩形顶管施工中摩阻力对顶管施工参数的影响,特别关注了顶推力的预测与顶管周围泥浆套的形态、不同顶进长度下摩阻力的关系。在顶管工程中,顶推力的大小直接影响了管片和反力墙的设计强度、千斤顶的选择,从而间接控制了工程成本和施工安全。因此,准确预测顶推力对于顶管工程的安全施工至关重要。

4.1　大断面矩形顶管摩阻力分析及顶推力预测

顶推力作为顶管施工中的重要参数,顶推力的大小直接影响管片和反力墙的设计强度、千斤顶的选择,间接控制了工程成本、施工安全。顶推力预测过大,管片、反力墙设计强度过高,工程不经济;顶推力预测过小,反力墙强度无法满足要求,无法进行施工。因此,顶推力的预测对顶管工程安全施工具有重要的意义。

在顶管施工中,顶推力的大小与管节受到的周围土体的摩阻力与顶管机刀盘处的迎面阻力有关,迎面阻力作为防止掌子面土体塌落的反力,它的大小受顶管埋深影响,可认为它是一个定值,而管节与土体之间的摩阻力会随着顶进距离的增大不断变大。工程中通过顶管预留注浆孔注入一定量的触变泥浆,在顶管周围形成泥浆套,减小顶管与土层之间的摩阻力,同时泥浆套中的膨润土颗粒絮凝胶结,填充和支撑管-土之间的空隙,可以有效减少地层的扰动和沉降。但实际工程中触变泥浆不会形成完整泥浆套,不能简单用泥浆套和顶管之间的摩阻力或土体与顶管之间的摩阻力分析顶推力,造成无法估量土体-触变泥浆-顶管之间的摩阻力,给顶推力的预测带来巨大困难。

基于以上问题,针对黏土地质条件下浅覆土超大矩形断面顶管工程的顶管周围泥浆套的形态和不同顶进长度下摩阻力开展研究。考虑不同泥浆套形态、顶进距离对摩阻力的影响,提出顶推力预测模型;结合实际工程采用有限差分软件 FLAC 3D 对顶管顶进过程进行模拟,引入接触面来模拟泥浆套,通过改变接触面的参数来模拟泥浆套的不同形态,观察不同顶进距离下接触面切向应力的变化,反推出顶进过程中所需的顶推力,对顶推力预测模型进行修正;最后结合工程实测数据验证顶推力预测模型的准确性,并且对高海拔地区黏土地质条件下浅覆土超大矩形断面顶管施工和设计提出合理的优化建议,为今后类似顶管工程的施工提供指导。

4.1.1 顶管顶推力计算方法

（1）顶推力构成。

在顶管顶进过程中，矩形顶管管节的受力是一个非常复杂的力学体系，在横截面上受到了顶部的竖向土压力、周围土层的侧向土压力和底部地基反力，如图 4-1 所示。此外，在顶进方向上受到了顶进千斤顶设备的顶推力 P、贯入阻力 P_F 以及管壁与周围土体的摩擦阻力 P_f，如图 4-2 所示。

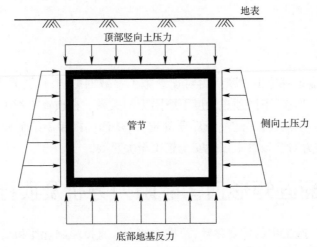

图 4-1　管节顶进横截面受力图

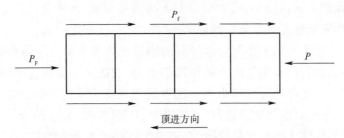

图 4-2　管节顶进纵截面受力图

在矩形顶管施工的过程中，千斤顶需要克服作用于管道的外力（统称顶进阻力），矩形顶管所受的顶进阻力主要由管端贯入阻力 P_F 和管壁与周围土体的摩擦阻力两部分组成。顶进阻力按下式计算：

$$P = P_F + P_f \tag{4-1}$$

式中：P——顶管顶进阻力（kN/m^2）；

$\quad P_F$——顶管管端贯入阻力（kN/m^2）；

$\quad P_f$——管壁与周围土体的摩擦阻力（kN/m^2）。

（2）摩擦阻力。

管壁与土层间的摩擦阻力等于作用于管壁上的正压力与摩擦系数之积。作用于管壁上的正压力为来自管节四周的土压力。土的重度 γ、内摩擦角 φ 和黏聚力 c 及管节埋深 H 等地层参数影响其值的大小。摩擦系数则取决于土和管材的性质及注浆等因素。

管端贯入阻力和管-土摩擦阻力共同组成顶管顶进阻力。在管节的直径、地层性质和埋深等因素确定时可以认为顶管管端贯入阻力是一个定值,但管-土摩阻力则随着顶进距离的增大而增大,因此在顶进阻力计算中管-土摩阻力的计算成为非常重要的研究内容。

4.1.2 顶管土压力计算

(1)顶部竖向土压力计算。

摩擦阻力计算中的主要内容为土压力计算。太沙基理论、普氏卸荷拱理论及土柱理论为最常使用的土压力计算理论,其中前两种理论均考虑到卸荷拱效应,而土柱理论则不考虑卸荷拱效应。因不同的土压力计算理论的选择会影响矩形顶管顶进阻力的计算结果,对于软土和浅埋土质地层顶管顶部竖向土压力采用太沙基理论来进行计算较为合理。

当顶管管节在浅埋区域或者上覆土层为不稳定地层时,顶管管节上部不能形成拱效应,管节顶部整个管节宽度范围内土的重量全部作用在管节顶部,形成顶部竖向土压力。当顶管管节在深埋区域或者上覆土层为稳定土层时,顶管管节上部形成拱效应,拱对上部的土体起支撑作用,拱两侧的土体将分担一部分上部的土体重量,即并非所有的土体重量直接作用在矩形管节上。

推导过程中考虑了土的内摩擦角及土的黏聚力,因此太沙基土压力理论用于软土或浅埋土质地层具有较高的合理性。其推导过程为假设开挖两侧的土体在被扰动后发生主动变形且变形界限向上发展延伸到地面,如图4-3所示。

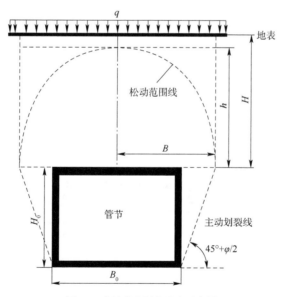

图4-3 太沙基土压力理论示意图

考虑地表上覆活荷载 q 时,顶部竖向土压力按下式计算:

$$P_1 = \frac{B(\gamma_0 - c/B)}{\tan\varphi}\left(1 - e^{-\frac{H}{B}\tan\varphi}\right) + qe^{-\frac{H}{B}\tan\varphi} \tag{4-2}$$

$$B = \frac{B_0}{2} + H_0 \tan\left(45° - \frac{\varphi}{2}\right) \tag{4-3}$$

若不考虑地表上覆活荷载 q 时,顶部竖向土压力按下式计算:

$$P_1 = \frac{B(\gamma_0 - c/B)}{\tan\varphi}\left(1 - e^{-\frac{H}{B}\tan\varphi}\right) \tag{4-4}$$

将式(4-3)代入式(4-4),得到管节顶部竖向土压力为:

$$P_1 = \frac{\left\{[B_0/2 + H_0\tan(45° - \varphi/2)]\left[\gamma_0 - \dfrac{c}{B_0/2 + H_0\tan(45° - \varphi/2)}\right]\right\}}{\tan\varphi} \cdot$$

$$\left[1 - e^{-\frac{H}{B_0/2 + H_0\tan(45° - \varphi/2)}\tan\varphi}\right] \tag{4-5}$$

其中:P_1——矩形顶管顶部沿顶管方向单位长度的竖向土压力(kN/m^2);

B_0——管节外宽(m);

H_0——管节高度(m);

H——管顶距地面的高度(m);

q——地表上覆活荷载(kN/m^2);

h——土的松动高度(m);

γ_0——管节周边土体的平均重度(kN/m^3);

c——土的黏聚力(kN/m^2);

φ——土的内摩擦角(°)。

(2)侧向土压力计算。

作用在矩形管节的竖向土压力与侧压力系数的积即为矩形顶管管节在水平方向上受到的侧向土压力。

顶管顶进过程中,顶管侧方的土体因被扰动而向顶管方向移动,对矩形顶管管节侧面产生侧向土压力,分布如图4-4所示。

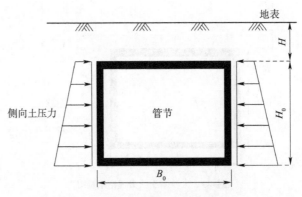

图4-4 管节所受侧向土压力示意图

若不考虑土的黏聚力和地表上覆活荷载作用,矩形顶管管节的侧向土压力分布形式为梯形,其侧向土压力值为:

$$P_2 = \left(P_1 + \frac{\gamma_0 H_0}{2} \right) K_a \tag{4-6}$$

将矩形顶管顶部竖向土压力值式(4-4)代入式(4-6),得:

$$P_2 = \left[\frac{B(\gamma_0 - c/B)}{\tan\varphi} \left(1 - e^{-\frac{H}{B}\tan\varphi} \right) + \frac{\gamma_0 H_0}{2} \right] K_a \tag{4-7}$$

若考虑土的黏聚力,不考虑地表上覆活荷载作用时,矩形顶管管节侧边沿顶管方向单位长度的侧向土压力(kN/m^2)为:

$$P_2 = \left[\frac{B(\gamma_0 - c/\beta)}{\tan\varphi} \left(1 - e^{-\frac{H}{B}\tan\varphi} \right) + \frac{\gamma_0 H_0}{2} \right] K_a - 2c\sqrt{K_a} \tag{4-8}$$

式中:K_a——主动土压力系数,$K_a = \tan^2\left(45° - \frac{\varphi}{2} \right)$。

4.1.3　底部地基反力计算

由顶管管节的受力分析可得,矩形顶管管节底部地基反力为顶管管节顶部土压力与管节自重之和。因此,矩形顶管机底部地基反力可按以下公式计算:

$$P_3 = P_1 + G \tag{4-9}$$

底部地基反力值为:

$$P_3 = \frac{B(\gamma_0 - c/B)}{\tan\varphi} \left(1 - e^{-\frac{H}{B}\tan\varphi} \right) + G \tag{4-10}$$

式中:P_3——矩形顶管底部沿顶管方向单位长度的土压力(kN/m^2);

　　　G——矩形顶管管节沿顶管方向单位长度的重量(kN/m^2)。

4.1.4　摩擦阻力计算

顶进过程中的摩擦阻力是由管节周边土体施加在管节表面的土压力产生的摩擦力,摩擦力是表面正压力与接触面的摩擦系数之积。顶管的摩擦阻力分三个部分计算,即顶部摩擦阻力、两侧摩擦阻力、底部摩擦阻力。

矩形顶管顶部沿顶管方向单位长度的摩擦阻力:

$$P_{f1} = \frac{B(\gamma_0 - c/B)}{\tan\varphi} \left(1 - e^{-\frac{H}{B}\tan\varphi} \right) \cdot f \tag{4-11}$$

矩形顶管单侧边沿顶管方向单位长度的摩擦阻力:

$$P_{f2} = \left\{ \left[\frac{B(\gamma_0 - c/B)}{\tan\varphi} \left(1 - e^{-\frac{H}{B}\tan\varphi} \right) + \frac{\gamma_0 H_0}{2} \right] K_a - 2c\sqrt{K_a} \right\} \cdot f \tag{4-12}$$

矩形顶管底部沿顶管方向单位长度的摩擦阻力:

$$P_{f3} = \left[\frac{B(\gamma_0 - c/B)}{\tan\varphi} \left(1 - e^{-\frac{H}{B}\tan\varphi} \right) + G \right] \cdot f \tag{4-13}$$

顶管的总摩擦阻力为:

$$P_f = (P_{f1} + P_{f3}) B_0 L + 2P_{f2} H_0 L \tag{4-14}$$

将式(4-11)~式(4-13)代入式(4-14),得到用太沙基理论计算顶管总摩擦阻力为:

$$P_f = \left[\frac{2B(\gamma_0 - c/B)}{\tan\varphi} \left(1 - e^{-\frac{H}{B}\tan\varphi} \right) (B_0 + H_0 K_a) + GB_0 + \gamma_0 H_0^2 K_a - 4H_0 c\sqrt{K_a} \right] \cdot Lf$$

(4-15)

式中:f——管节与周围土体之间的摩擦系数;

L——矩形顶管长度(m)。

4.1.5 顶管管端贯入阻力

当矩形顶管顶进施工时,第一节矩形顶管管端面上受到的土的阻力称为顶管管端贯入阻力。

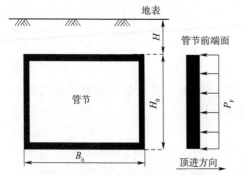

图 4-5　矩形顶管管端贯入阻力示意图

依据矩形顶管的施工原理,可以通过水平土压力来计算正面推进阻力。一般静止土压力或主动土压力用来计算水平土压力,但程度不一的挤土现象常会出现在矩形顶管的施工过程中。顶管顶进施工时土体受到挤压和切削,因此朗肯被动土压力理论计算可用来计算水平土压力。依据此方法计算得到的管端贯入阻力与顶管管-土摩擦阻力之和配置顶推力及设计反力墙,在工程上是偏于安全的。矩形顶管管端贯入阻力如图 4-5 所示。

如矩形顶管顶进时正面土体为非均质土层时,为了避免误差,应分别计算各土层的贯入阻力,然后再合计计算。且当矩形顶管管节处于地下水位以下时,需考虑地下水对贯入阻力的影响。当考虑地下水影响时,如正面土体为黏性土,则采用"水土合算",采用土体饱和重度;如正面土体为砂性土,则采用"水土分算",采用土体浮重度。

正面土体为黏性土时,矩形顶管管端的贯入阻力为:

$$P_F = \left\{ \left[\sum (\gamma_i H_i) + \frac{\gamma_0 H_0}{2} \right] K_P + 2c\sqrt{K_P} \right\} \cdot H_0 B_0$$

(4-16)

正面土体为砂性土时,矩形顶管管端的贯入阻力为:

$$P_F = \left\{ \left[\sum (\gamma_i H_i) + \frac{\gamma_0 H_0}{2} \right] K_P + \gamma_w H_w \right\} \cdot H_0 B_0$$

(4-17)

式中:P_F——顶管管端贯入阻力(kN);

γ_i——为第 i 层土的重度(kN/m³);

γ_w——水的重度(kN/m³);

γ_0——管节周边土体的平均重度(kN/m³);

H_i——为第 i 层土的厚度(m);

H_w——水位面到管道中心处的高度(m);

H_0——顶管机外边高(m);

B_0——管节外宽(m);

c——土的黏聚力(kN/m²);

K_P——朗肯被动土压力系数,$K_P = \tan^2\left(45° + \dfrac{\varphi}{2}\right)$。

若正面土体为均质土体且矩形顶管在地下水位以上时,可将式(4-16)和式(4-17)加以简化。

正面土体为均质土体且是砂性土时,矩形顶管管端的贯入阻力为:

$$P_F = \left[\gamma_0\left(H + \frac{H_0}{2}\right)K_P + 2c\sqrt{K_P}\right] \cdot H_0 B_0 \qquad (4-18)$$

正面土体为均质土体且是砂性土时,矩形顶管管端的贯入阻力为:

$$P_F = \gamma_0\left(H + \frac{H_0}{2}\right)K_P H_0 B_0 \qquad (4-19)$$

式中:H——顶管管顶距地面的高度(m)。

4.2 考虑管-土接触的顶管顶推力数值计算

4.2.1 顶推力数值模拟方法

顶管施工中顶推力未知,数值模拟时不能给顶管施加顶推力来模拟顶进过程,但知道顶进距离,因此可以通过顶进位移来模拟顶进过程。基于此,提出位移控制法模拟顶管顶进,类似于单桩静载,将单桩从垂直状态改为水平状态。通过对顶进位移的控制,可以得到摩擦阻力,顶推力大小与摩擦阻力相关,通过摩擦阻力可以反算出顶推力大小。

顶管顶进施工过程数值计算具体步骤如下:

(1)对计算模型进行初始地应力平衡,下一阶段进行土体开挖后顶管安装,通过将代表顶管的区域土体改为代表混凝土的材料特性,同时将代表开挖土体的区域置零。

(2)根据触变泥浆的特性,在土体与顶管间建立接触模拟触变泥浆,进行平衡计算。

(3)在顶管尾部施加一个速度,如图4-6(见彩插)所示(图中箭头所指矩形框)。通过施工现场的监测得到顶进速度,计算中设置求解步数,顶进速度乘以步数即为顶进距离。

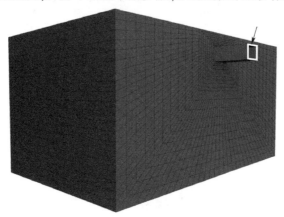

图4-6 顶进速度加载示意图

4.2.2 建立数值计算模型

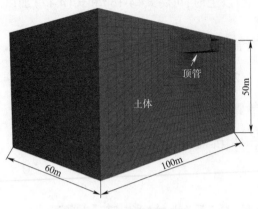

图4-7 计算模型示意图

依托上海地铁18号线沈梅路站出入口顶管工程,采用有限差分软件FLAC3D进行顶推力计算分析。模型长度表现不同的顶进距离。模型宽100m,高50m(z方向),顶管顶进距离设定为60m。在 $x=0$、$x=100$、$y=0$、$y=60$ 以及 $z=0$ 处平面施加铰支座模拟土体状态,计算模型示意图如图4-7(见彩插)所示。

模型中土体采用摩尔-库仑本构模型,顶管采用弹性本构模型,通过接触面模拟管-土界面接触情况,接触面参数的不同模拟管-土不同接触情况。土体和顶管计算参数见表4-1。

土体和顶管计算参数   表4-1

材料	重度 $\gamma(kN/m^3)$	泊松比 μ	弹性模量 $E(MPa)$	黏聚力 $c(kN/m^3)$	内摩擦角 $\varphi(°)$
土体	1800	0.27	13	0.92×10^6	39.3
顶管	2500	0.20	3.45×10^4	—	—

4.2.3 管-土接触面设置

模型中为了模拟土-触变泥浆-顶管之间的作用,在管和土之间建立了接触面的作用范围、内摩擦角、黏聚力等参数来估算土-管道之间的摩擦力,具体参数见表4-2,管-土接触面示意图如图4-8(见彩插)所示。

接触面参数   表4-2

法向刚度 $K_n(N/m^3)$	切向刚度 $K_s(N/m^3)$	$\varphi(°)$	$c(kPa)$
1×10^5	1×10^6	38	150

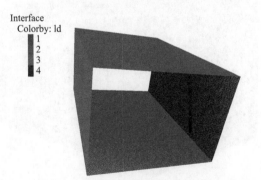

图4-8 管-土接触面示意图

4.2.4 数值计算结果分析

在管-土全接触情况下,不同顶进距离时接触面剪应力分布情况如图4-9(见彩插)所示。

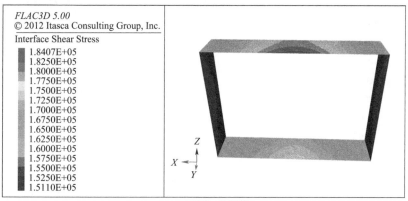

a) 顶进一节顶管

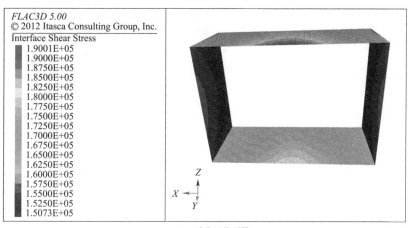

b) 顶进两节顶管

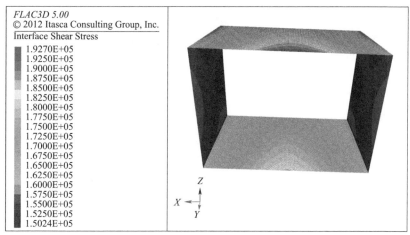

c) 顶进三节顶管

图 4-9

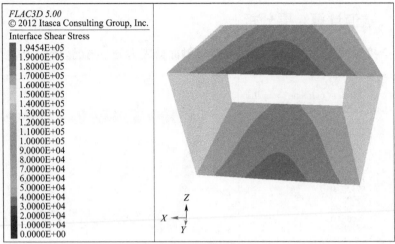

d) 顶进四节顶管

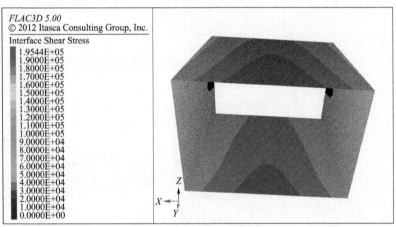

e) 顶进五节顶管

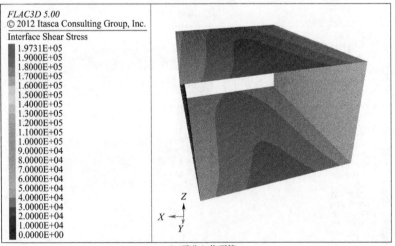

f) 顶进六节顶管

图 4-9

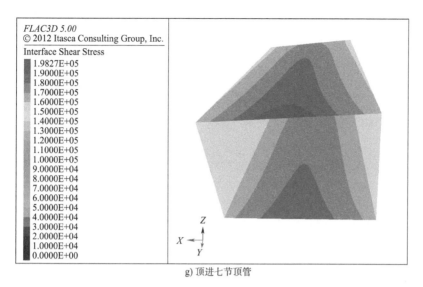

g) 顶进七节顶管

图 4-9 不同顶进距离时接触面剪应力分布云图(管-土全接触)(单位:Pa)

由图 4-9 计算结果可以看出,两侧接触面两侧部位切向剪应力小于上下部位接触面切向剪应力,这是因为顶管两侧部位所受到侧向土压力小于上下部位土压力,产生的摩阻力也小于上下部位产生的摩阻力。其次,对比不同顶进距离接触面切向剪应力发现,随着顶进距离的不断增大,剪应力也随之增大,表明摩阻力随着顶进距离的增大而增大,与实际情况相符合。同时从接触面剪应力分布云图中看出,剪应力在顶管前端较小,在顶管尾部剪应力较大,且同一位置处,两侧剪应力都小于上下部位剪应力,表明顶管顶进时并不是所有部位同时滑动,管节两侧首先克服最大摩阻力,两侧发生滑动,顶推力继续增大,顶管上下部位从左右侧逐渐发生滑动,最终整个顶管发生滑动。

顶管尾部某点监测到的顶推力-位移关系曲线如图 4-10 所示。

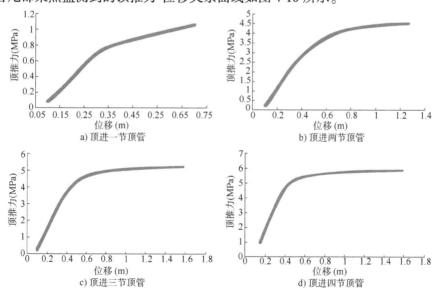

图 4-10

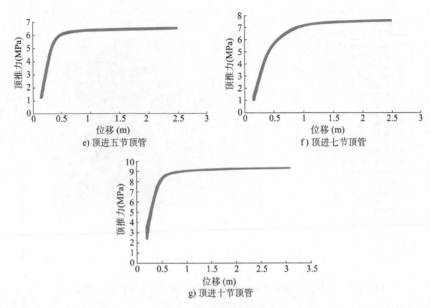

e) 顶进五节顶管　　　　　　　f) 顶进七节顶管

g) 顶进十节顶管

图 4-10　顶推力-位移关系曲线

从图 4-10 中可以看出,在一定范围内顶推力随位移(时间步)的推移而不断增大,当达到一定值后,位移继续增大,而顶推力基本保持不变,说明此时千斤顶所提供的顶推力刚好克服了管-土之间的最大静摩擦力,顶推力不再变化。

顶推力-顶进距离关系曲线如图 4-11 所示。

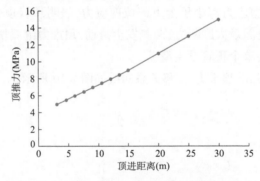

图 4-11　顶推力-顶进距离关系曲线

从图 4-11 中曲线可以看出,顶进一节顶管到顶进七节顶管顶推力不断增大,与实际情况相符合,同时顶推力随顶进距离基本呈线性增长,拟合成函数为 $y = 0.37x + 3.9$,x 为顶进距离,y 为顶推力。本项目模拟研究的是单一土层,当土层改变时,通过乘以系数,可得到不同土层的顶推力-顶进距离的函数关系。

4.3　大断面矩形顶管注浆减摩效果

在顶管施工中,顶进阻力主要是顶管机掘进的迎面阻力和顶管顶进过程中与周围土体之间产生的摩阻力。通常顶管机前面的阻力很难通过技术手段减小,甚至对于土压平衡或泥水平衡的顶管施工来讲,迎面阻力是必须的,它能有效降低塌方和地面沉降的风险。但是顶管在顶进过程中受到周围土体的作用而产生的摩阻力会随着顶进距离的增大而增大,特别是对于长距离、大断面顶管工程,摩阻力成为影响顶管前进的主要因素,所以其所需要的顶推力也更大。从理论上讲,对于任意长距离的顶管工程所需的顶推力,千斤顶都是可以提供的,但是顶管和工作井的承载能力是有限的,过大的顶推力势必增加管材和工作井的承载力而增加投资及技术措施,甚至还可能因为过大的顶推力而造成工程事故,因此如何最大程度地减小顶管施工中的巨大顶推力已成为顶管施工的关键。

大量的工程实践证明,顶管在顶进时通过管节上预留的压浆孔向顶管外壁注入一定量的触变泥浆,它可以起到润滑、填补和支撑的作用。一方面,在顶管顶进时注入的触变泥浆若能够在顶管与土体的空隙之间形成一个完整的泥浆套,那么将显著减小顶管与土体之间的摩阻力。另一方面,泥浆套中的膨润土颗粒絮凝胶结,填充和支撑管-土之间的空隙,可以有效减少地层的扰动和沉降。但是近年来也有很多顶管工程在施工过程中因为使用的减摩泥浆配合比以及施工参数与工程地质条件不符而导致过大环境影响,甚至引发工程事故。因此,研究顶管施工中与工程地质相适应的减摩泥浆配合比和施工参数,以形成较好的泥浆套和减小对周围环境的影响是十分必要的。

4.3.1　注浆减摩机理

膨润土泥浆在顶管施工中的主要作用机理:一是膨润土泥浆可以将顶管顶进过程中与土体之间的干摩擦变成湿摩擦,从而减小顶管在顶进过程中的摩阻力;二是膨润土泥浆在适当的注浆压力下注入顶管与土体之间的空隙,可以减小地层的变形和沉降。

在顶管施工中,膨润土浆液通过顶管上预留的注浆孔在合理的注浆压力下先填补顶管与土体之间的空隙,当注入的膨润土泥浆与土体接触后,浆液将向土体中渗透和扩散;当泥浆渗透一定距离后将会静止,形成泥浆与土体的混合体;随着膨润土浆液的继续注入,泥浆与土体之间的混合体渗透块越来越多,最后形成一个致密的泥浆套,泥浆套形成后浆液不再向土体中渗透,而是留在土体与顶管之间的空隙中;当顶管与泥浆套之间的空隙充满浆液后,顶管在该环境下顶进能够大大减小摩阻力。为了减小顶管在顶进过程中与土体的摩擦力,顶管机机头外包尺寸一般比顶管管节大 2～5cm,开挖顶进时使得顶管与土体之间形成一个空隙,而且由于受施工工艺的影响,顶管施工过程中还可能出现纠偏引起的空隙。开挖会引起顶管周围土体的应力释放,从而导致地层出现较大的变形和沉降,但在注浆压力作用下,顶管周围的土体会通过泥浆套传递的压力而被压实,同时泥浆能够支撑地层,使隧洞保持稳定。

4.3.2　触变泥浆减摩数值分析

在顶管和土体之间注入触变泥浆,使之在顶管周围形成一层致密的泥浆套,减小摩阻力,减低地层沉降。数值模拟中通过调节管-土接触面内摩擦角和黏聚力来模拟泥浆套形成后对摩阻力的影响。本书在摩阻力分析与顶推力预测模型基础上,根据陈月香试验研究结果对接触面的内摩擦角和黏聚力进行相应折减。

顶进一节管节和顶进两节管节接触面切向剪应力分布云图分别如图 4-12(见彩插)和图 4-13

(见彩插)所示,从图中可以看出,加了触变泥浆接触面切向剪切应力比未加触变泥浆接触面切向剪切应力小,通过计算发现剪切应力最大值可降低35%左右,说明减阻泥浆的减阻效果明显。

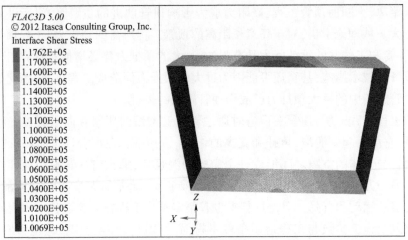

a) 考虑触变泥浆

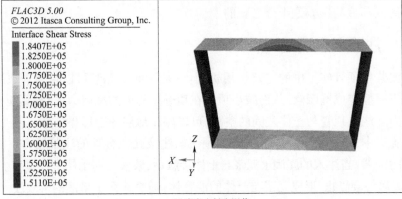

b) 未考虑触变泥浆

图 4-12　顶进一节管节接触面剪应力分布云图(单位:Pa)

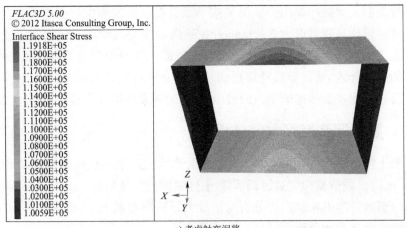

a) 考虑触变泥浆

图　4-13

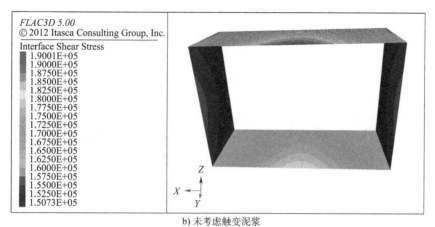

b) 未考虑触变泥浆

图4-13 顶进两节管节接触面剪应力分布云图(单位:Pa)

考虑有无触变泥浆对顶推力影响曲线如图4-14所示,对比两条曲线可以看出,在触变泥浆的作用下顶进所需顶推力明显下降,表明触变泥浆可达到较好的减阻效果。

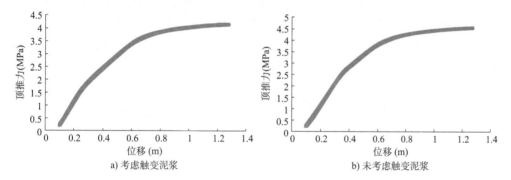

a) 考虑触变泥浆   b) 未考虑触变泥浆

图4-14 有无触变泥浆对顶推力的影响

第5章 顶管施工对地下管线扰动特性及变形控制

矩形顶管隧道施工过程可能对周围的土体和管线产生一定的变形和影响。这些影响主要包括顶管机前进力、摩阻力、地层损失等。在理想的顶进过程中,注入的泥浆材料可以减小摩阻力,但仍然会产生地层损失。这种地层损失会使土体的沉降,从而引起地表沉降。因此,需要对这些因素进行详细的数值分析和监测,以确保施工安全和地下管线的完整性。通过合理的数值模拟和现场监测,可以更好地理解矩形顶管施工引起的地表和管线变形,并采取适当的保护措施,以降低对地下管线的潜在风险。因此,在矩形顶管施工项目中,对地下管线的保护和控制是至关重要的。

5.1 矩形顶管施工引起周边土体变形

5.1.1 顶管过程力学机理

矩形顶管隧道由后靠千斤顶提供顶管机与管节前进的动力,刀盘切削土体,土体通过刀盘开口进入土仓,使用螺旋输送机将渣土排出,通过出土量的平衡实现土仓压力与开挖面的动态力学平衡。

在理想顶进过程中,在管节与地层之间注入泥浆材料,形成完整的封闭泥浆套,管节在减摩触变泥浆材料中运动。此外,顶管机的外轮廓比后续管节外轮廓大,即开挖断面比管节断面大,因而产生建筑空隙,管节周围土体将补偿这些空隙进而造成地层损失,从而引起由近及远的地层变形。

综上分析可知,矩形顶管隧道顶进施工过程中,引起周围地层变形的因素主要有开挖面顶推力、顶管机与土体的摩阻力、后续管节与土体的摩阻力以及地层损失。

5.1.2 顶管与土体力学模型

建立顶管机、管节与土体之间的位置关系和受力如图 5-1 所示,具体模型内容为:

(1)虽然顶管机与管节间存在 2cm 的尺寸差,但两者差距不大,可认为二者截面大小相同。顶管机长度 l_1,其埋深为 d;后续管节单节长度为 l_2,已施工管节整体长度为 nl_2(n 为管节个数)。

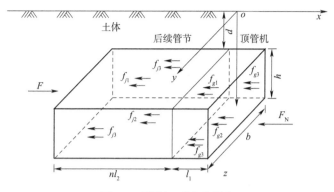

图 5-1 顶管施工受力示意图

（2）在顶管机 1/2 宽度处（设为 o 点）建立空间直角坐标系：点 o 垂直于顶管机宽度方向记为 x，向右为正方向；将 x 轴正方向顺时针旋转 90° 记为 y；点 o 垂直向下的距离记为 z，向下方向记为正。

（3）开挖面顶推力为 F；顶管机上下面与土体的摩阻力分别为 f_{g1}、f_{g2}，侧面与土体的摩阻力为 f_{g3}；后续管节上下面与土体的摩阻力分别为 f_{j1}、f_{j2}，侧面与土体的摩阻力为 f_{j3}；迎面阻力为 F_N。

5.1.3 顶推力以及摩阻力计算

土压平衡顶管工程中顶推力主要由顶管机前方掌子面处的迎面阻力和顶管顶进过程中顶管与周围土体之间产生的摩阻力组成，可按式（5-1）进行计算。其中摩阻力影响较大，摩阻力随顶进距离的增大不断增大。迎面土压力与掌子面处土体稳定有关，可认为是一个确定值。

$$F = f_g + f_j + F_N \tag{5-1}$$

式中：F——顶推力（kN）；

$\quad f_g$——顶管机与土体的摩阻力（kN）；

$\quad f_j$——后续管节与土体的摩阻力（kN）。

土压平衡顶管机顶进的迎面阻力可由式（5-2）计算。

$$F_N = (P_e + P_w)bh \tag{5-2}$$

式中：P_e——挖掘面压力（kPa）；

$\quad P_w$——注浆压力（kPa）。

基于土压力理论，假设在管-浆全接触状态下，顶管土压力计算简图如图 5-2 所示，推导摩阻力的计算公式如下。

垂直土压力荷载：

$$q_1 = \gamma d \tag{5-3}$$

顶管机和管节的上部与土体的摩阻力：

$$f_{g1} = \mu_1 \gamma d \tag{5-4}$$

$$f_{j1} = \mu_2 \gamma d \tag{5-5}$$

土体支撑力荷载：

$$q_2 = \gamma d + w_0 \tag{5-6}$$

$$q_2' = \gamma d + w_1 \tag{5-7}$$

顶管机和管节的下部与土体的摩阻力：

$$f_{g2} = \mu_1(\gamma d + w_0) \tag{5-8}$$

$$f_{j2} = \mu_2(\gamma d + w_1) \tag{5-9}$$

水平土压力荷载：

$$q_3 = \lambda \gamma d \tag{5-10}$$

$$q_4 = \lambda \gamma (d + h) \tag{5-11}$$

顶管机和管节的侧面与土体的摩阻力：

$$f_{g3} = \mu_1 \left(\frac{\lambda \gamma h}{2} + \lambda \gamma d \right) \tag{5-12}$$

$$f_{j3} = \mu_2 \left(\frac{\lambda \gamma h}{2} + \lambda \gamma d \right) \tag{5-13}$$

顶管机和管节与土体的摩阻力：

$$f_g = f_{g1} + f_{g2} + 2f_{g3} \tag{5-14}$$

$$f_j = f_{j1} + f_{j2} + 2f_{j3} \tag{5-15}$$

式中：γ——土体等效重度，根据加权平均法将多层土体等效化处理；

μ_1——顶管机-土之间摩擦系数；

μ_2——管节-浆-土之间摩擦系数；

w_0——顶管机自重荷载；

w_1——单节管节自重荷载；

λ——等效静止土压力系数。

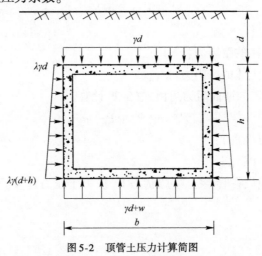

图 5-2 顶管土压力计算简图

5.1.4 开挖面顶推力引起的土体变形

利用 Mindlin 解，通过积分得到在顶推力 F 作用下，引起土体某一点 (x_0, y_0, z_0) 的竖向位移如下：

$$\omega_1 = \frac{\sigma}{16\pi G(1-\mu)}\int_{-b/2}^{b/2}\int_d^{d+h}(x_0-l_1-nl_2)\left\{\frac{z_0-\rho}{J_1^3}+\frac{(3-4\mu)(z_0-\rho)}{J_2^3}+\right.$$

$$\left.\frac{4(1-2\mu)(1-\mu)}{J_2(J_2+z_0+\rho)}-\frac{6\rho z_0(z_0+\rho)}{J_2^5}\right\}\mathrm{d}\eta\mathrm{d}\rho \tag{5-16}$$

$$J_1 = \sqrt{(x_0-l_1-nl_2)^2+(y_0-\eta)^2+(z_0-\rho)^2}$$

$$J_2 = \sqrt{(x_0-l_1-nl_2)^2+(y_0-\eta)^2+(z_0+\rho)^2}$$

式中：σ——顶推力产生的应力（MPa）；

　　　G——等效剪切模量（MPa）；

　　　μ——土的泊松比；

x_0、y_0、z_0——土体中任意一处的空间坐标；

　　　η、ρ——顶推力 F 的积分区域。

5.1.5　摩阻力引起的土体变形

以顶管机和后续管节的上表面与土体的摩阻力为例，通过积分得到在顶管机和后续管节的上部某点 (ε,η) 的单位力 $\mu_1\gamma dd\varepsilon\mathrm{d}\eta$ 作用下，引起土体某一点 (x_0,y_0,z_0) 的竖向位移如下：

$$\omega_{g1} = \frac{f_{g1}}{16\pi G(1-\mu)}\int_{nl_2}^{nl_2+l_1}\int_{-b/2}^{b/2}(x_0-\varepsilon)\left\{\frac{z_0-d}{J_3^3}+\frac{(3-4\mu)(z_0-d)}{J_4^3}+\right.$$

$$\left.\frac{4(1-2\mu)(1-\mu)}{J_4(J_4+z_0+d)}-\frac{6dz_0(z_0+d)}{J_4^5}\right\}\mathrm{d}\varepsilon\mathrm{d}\eta \tag{5-17}$$

$$\omega_{j1} = \frac{f_{j1}}{16\pi G(1-\mu)}\int_0^{nl_2}\int_{-b/2}^{b/2}(x_0-\varepsilon)\left\{\frac{z_0-d}{J_3^3}+\frac{(3-4\mu)(z_0-d)}{J_4^3}+\right.$$

$$\left.\frac{4(1-2\mu)(1-\mu)}{J_4(J_4+z_0+d)}-\frac{6dz_0(z_0+d)}{J_4^5}\right\}\mathrm{d}\varepsilon\mathrm{d}\eta \tag{5-18}$$

$$J_3 = \sqrt{(x_0-\varepsilon)^2+(y_0-\eta)^2+(z_0-d)^2}$$

$$J_4 = \sqrt{(x_0-\varepsilon)^2+(y_0-\eta)^2+(z_0+d)^2}$$

同理可得，顶管机下、左、右表面与土体的摩阻力，以及后续管节下、左、右表面与土体的摩阻力，引起土体某一点 (x_0,y_0,z_0) 的竖向位移分别如下：

$$\omega_{g2} = \frac{f_{g2}}{16\pi G(1-\mu)}\int_{nl_2}^{nl_2+l_1}\int_{-b/2}^{b/2}(x_0-\varepsilon)\left\{\frac{z_0-d-h}{J_5^3}+\frac{(3-4\mu)(z_0-d-h)}{J_6^3}+\right.$$

$$\left.\frac{4(1-2\mu)(1-\mu)}{J_6(J_6+z_0+d+h)}-\frac{6(d+h)z_0(z_0+d+h)}{J_6^5}\right\}\mathrm{d}\varepsilon\mathrm{d}\eta \tag{5-19}$$

$$\omega_{j2} = \frac{f_{j2}}{16\pi G(1-\mu)}\int_0^{nl_2}\int_{-b/2}^{b/2}(x_0-\varepsilon)\left\{\frac{z_0-d-h}{J_5^3}+\frac{(3-4\mu)(z_0-d-h)}{J_6^3}+\right.$$

$$\left.\frac{4(1-2\mu)(1-\mu)}{J_6(J_6+z_0+d+h)}-\frac{6(d+h)z_0(z_0+d+h)}{J_6^5}\right\}\mathrm{d}\varepsilon\mathrm{d}\eta \tag{5-20}$$

$$\omega_{g3} = \frac{f_{g3}}{16\pi G(1-\mu)} \int_{nl_2}^{nl_2+l_1} \int_d^{d+h} (x_0 - \varepsilon) \left\{ \frac{z_0 - \rho}{J_7^3} + \frac{(3-4\mu)(z_0-\rho)}{J_8^3} + \right.$$
$$\left. \frac{4(1-2\mu)(1-\mu)}{J_8(J_8+z_0+\rho)} - \frac{6\rho z_0(z_0+\rho)}{J_8^5} \right\} \rho \, d\eta \, d\rho \tag{5-21}$$

$$\omega_{j3} = \frac{f_{j3}}{16\pi G(1-\mu)} \int_0^{nl_2} \int_d^{d+h} (x_0 - \varepsilon) \left\{ \frac{z_0 - \rho}{J_7^3} + \frac{(3-4\mu)(z_0-\rho)}{J_8^3} + \right.$$
$$\left. \frac{4(1-2\mu)(1-\mu)}{J_8(J_8+z_0+\rho)} - \frac{6\rho z_0(z_0+\rho)}{J_8^5} \right\} \rho \, d\eta \, d\rho \tag{5-22}$$

$$\omega_{g4} = \frac{f_{g4}}{16\pi G(1-\mu)} \int_{nl_2}^{nl_2+l_1} \int_d^{d+h} (x_0 - \varepsilon) \left\{ \frac{z_0 - \rho}{J_9^3} + \frac{(3-4\mu)(z_0-\rho)}{J_{10}^3} + \right.$$
$$\left. \frac{4(1-2\mu)(1-\mu)}{J_{10}(J_{10}+z_0+\rho)} - \frac{6\rho z_0(z_0+\rho)}{J_{10}^5} \right\} \rho \, d\eta \, d\rho \tag{5-23}$$

$$\omega_{j4} = \frac{f_{j4}}{16\pi G(1-\mu)} \int_0^{nl_2} \int_d^{d+h} (x_0 - \varepsilon) \left\{ \frac{z_0 - \rho}{J_9^3} + \frac{(3-4\mu)(z_0-\rho)}{J_{10}^3} + \right.$$
$$\left. \frac{4(1-2\mu)(1-\mu)}{J_{10}(J_{10}+z_0+\rho)} - \frac{6\rho z_0(z_0+\rho)}{J_{10}^5} \right\} \rho \, d\eta \, d\rho \tag{5-24}$$

$$J_5 = \sqrt{(x_0-\varepsilon)^2 + (y_0-\eta)^2 + (z_0-d-h)^2}$$
$$J_6 = \sqrt{(x_0-\varepsilon)^2 + (y_0-\eta)^2 + (z_0+d+h)^2}$$
$$J_7 = \sqrt{(x_0-\varepsilon)^2 + (y_0+b/2)^2 + (z_0-\rho)^2}$$
$$J_8 = \sqrt{(x_0-\varepsilon)^2 + (y_0+b/2)^2 + (z_0+\rho)^2}$$
$$J_9 = \sqrt{(x_0-\varepsilon)^2 + (y_0-b/2)^2 + (z_0-\rho)^2}$$
$$J_{10} = \sqrt{(x_0-\varepsilon)^2 + (y_0-b/2)^2 + (z_0+\rho)^2}$$

综上所述，顶管机和管节与土体间摩阻力引起的土体沉降值为：

$$\omega_2 = \omega_{g1} + \omega_{g2} + \omega_{g3} + \omega_{g4} + \omega_{j1} + \omega_{j2} + \omega_{j3} + \omega_{j4} \tag{5-25}$$

5.1.6　地层损失引起的土体变形

矩形顶管施工过程中产生的地层损失，即实际开挖的土体体积大于理论开挖土体体积的部分。引起地层损失主要原因主要有：一是开挖过程中顶管区间周围土体受到扰动，从而在管-土间产生间隙；二是顶管机与管节间存在 $2\sim3\mathrm{cm}$ 的尺寸差，由此产生的管-土空隙都可导致顶管区间周围土体向区间方向移动。实际施工中由于施工工艺的逐渐提高，加之注浆可起到一定的充填作用，但仍不可避免产生地层损失，从而导致土体产生沉降。根据相关研究可知，虽然在顶管施工过程中周围土体的变形较为复杂，但仍存在一定的规律。本书采用随机介质理论，对土体损失引起的土体沉降进行分析。

由随机介质理论可知，假设隧道开挖时产生的地层损失由若干个微元组成，则顶管施工造成的上覆土体竖向变形可等效为若干个微元的综合变形。设地下某深度处存在一开挖微元 $\mathrm{d}\varepsilon\mathrm{d}\eta\mathrm{d}\rho$，则在不排水条件下，此微元完全塌落时上部土体任一点 (x,y,z) 的沉降为：

$$\omega = \frac{(\tan\beta)^2}{(z-\rho)^2}\exp\left\{-\frac{\pi(\tan\beta)^2}{(z-\rho)^2}\left[(x-\varepsilon)^2+(y-\eta)^2\right]\right\}\mathrm{d}\varepsilon\mathrm{d}\eta\mathrm{d}\rho \qquad (5\text{-}26)$$

式中:β——土层主要影响角,$\beta = 45° - \varphi/2$;

　　φ——土体的内摩擦角,如果是成层土,则采用加权平均的内摩擦角。

　　矩形顶管施工过程中,传统理论认为土体向管节方向呈均匀收敛状态,但在实际施工中,由于土体和顶管机自重等因素影响,土体向管节方向实际表现为非均匀收敛(移动)模式,如图5-3所示。由于这种模式更能体现实际施工过程中土体的变形过程,因此本书选择非均匀收敛模式进行分析计算。

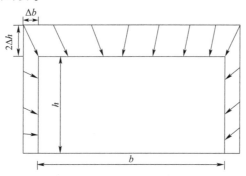

图5-3　非均匀收敛模式

　　由图5-3可知,假设横向变形为Δb,纵向变形体现在顶管区间上方,为$2\Delta h$,则单位长度的地层损失体积计算如下式:

$$S = (b+2\Delta b)(h+2\Delta h) - bh = 2h\Delta b + 2b\Delta h + 4\Delta b\Delta h \qquad (5\text{-}27)$$

为便于计算,Δb可近似等于Δh。

　　根据土体变形计算模型确定地层损失积分区域,代入随机介质理论公式,即可得到地层损失引起的土体竖向变形计算公式:

$$\omega_3 = \iiint \frac{\tan^2\beta}{(z-\rho)^2}\exp\left\{-\frac{\pi\tan^2\beta}{(z-\rho)^2}\left[(x-\varepsilon)^2+(y-\eta)^2\right]\right\}\mathrm{d}\varepsilon\mathrm{d}\eta\mathrm{d}\rho$$

$$= \int_{-b/2-\Delta b}^{b/2+\Delta b}\int_0^{nl_2+l_1}\int_{d-2\Delta h}^{d+h}\frac{\tan^2\beta}{(z-\rho)^2}\exp\left\{-\frac{\pi\tan^2\beta}{(z-\rho)^2}\left[(x-\varepsilon)^2+(y-\eta)^2\right]\right\}\mathrm{d}\varepsilon\mathrm{d}\eta\mathrm{d}\rho -$$

$$\int_{-b/2}^{b/2}\int_0^{nl_2+l_1}\int_d^{d+h}\frac{\tan^2\beta}{(z-\rho)^2}\exp\left\{-\frac{\pi\tan^2\beta}{(z-\rho)^2}\left[(x-\varepsilon)^2+(y-\eta)^2\right]\right\}\mathrm{d}\varepsilon\mathrm{d}\eta\mathrm{d}\rho$$

$$(5\text{-}28)$$

5.1.7　地表沉降计算公式及算例

　　将开挖面顶推力、顶管机与土体的摩阻力、后续管节与土体的摩阻力,以及地层损失引起的土体任一点沉降值进行叠加,即可得到此点的最终沉降值:

$$\omega = \omega_1 + \omega_2 + \omega_3 \qquad (5\text{-}29)$$

　　依托某市地下综合管廊(三期)工程对本书推导计算方法进行验证。选择一个典型监测断面进行沉降分析,选取监测断面距始发工作面距离为42m,中心测点的坐标为(0,42,0)。在顶进48m时,仪器监测土层沉降的最大值为24.5mm。

利用给定的计算参数(表5-1),根据已推导的理论公式、现场监测数据得到土层竖向变形值,如图5-4所示,图中正值表示隆起,负值表示沉降。

计算参数 表5-1

b	h	d	μ	γ	λ	E	μ_1	μ_2	w_0	w_1
6.9m	4.9m	4.15m	0.3	18.3kN/m³	0.5	5MPa	0.25	0.1	200kPa	40kPa

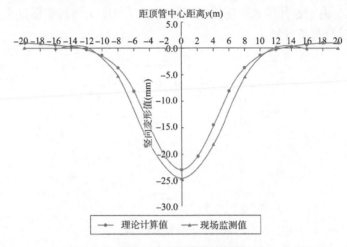

图5-4 与实际项目对比图

由图5-4可知,开挖面顶推力使得测点土体产生隆起变形,摩阻力和地层损失均使土体产生沉降变形,其中地层损失影响最大。理论计算获得在顶进48m时土体最大沉降值为−22.9436mm,与现场监测值−24.5mm比较接近,且两者曲线变化也比较相似;同时整个竖向变形影响区间在2~3倍顶管宽度范围内,与实际情况相契合,证明了本书推导计算矩形顶管法施工引起土体竖向变形所用方法的准确性。

理论计算中的数学模型对现场情况进行了简化,无法完全模拟实际情况,但整体上与现场实际变形基本相吻合。因此,本书所推导的理论计算方法具有一定的合理性,为后续分析奠定了基础。

5.2 矩形顶管施工引起周边土体及管线变形数值分析

5.2.1 基本假定和计算模型及参数

(1)基本假定。
①土体为均质、各向同性、理想弹塑性体;
②不考虑管道接头的影响,将其为各向同性的线弹性体;
③顶管正面推进力为矩形均布荷载,地层损失沿管道轴向均匀分布;
④顶管推进过程中不考虑土体时间效应,只考虑顶进空间位置的变化;

⑤土体在重力作用下变形已完成,计算的土体变形是由顶管施工引起;

⑥地下管线为均质材料,沿长度方向等直径、等壁厚,且不考虑管线接头的影响。

(2)计算模型。

计算采用显式有限差分计算软件 FLAC3D,建模范围横向取 80m,竖向取 50m,沿隧道长度方向取 60m,隧道顶面距地表 5.2m。

除顶面以外各边界施加垂直该面方向约束,顶面为自由面。初始应力仅考虑自重应力场的影响。管片采用 C50 钢筋混凝土,厚度为 45cm,按弹性匀质圆环考虑。地层视为理想弹塑性材料,服从莫尔-库仑(Mohr-Coulomb)屈服准则。注浆层按弹塑性材料考虑,地层和注浆层均采用实体单元模拟。为模拟管线与土体的相对滑动,管线用带接触单元的 liner 结构单元模拟,管径为 1.2m,管壁厚度为 2cm。计算模型共设有 245181 个单元,238312 个节点。顶管三维计算模型如图 5-5(见彩插)所示。

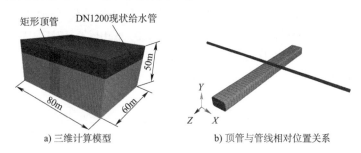

图 5-5 顶管三维计算模型及顶管与管线相对位置关系

(3)计算参数。

根据工程地质勘察报告,数值模拟计算采用的土层物理力学参数见表 5-2,结构构件材料物理力学参数见表 5-3。

土层物理力学参数　　　　　　　　　　　　　　　表 5-2

埋深(m)	岩土名称	重度 γ（kN/m³）	弹性模量 E（MPa）	泊松比 μ	黏聚力 c（Pa）	摩擦角 φ（°）
0~5	杂填土	19.5	5	0.40	10.1	8
5~10	淤泥质粉质黏土	18.8	10	0.38	13.4	11
>10	灰色粉质黏土	19.1	12	0.38	14.6	14

结构构件材料物理力学参数　　　　　　　　　　　　表 5-3

构件材料	重度(kN/m³)	弹性模量(GPa)	泊松比
顶管管片	27	35.5	0.20
铸铁管线	78	90.0	0.275

5.2.2 不同因素对地下管线变形的影响分析

顶管施工时,对周边环境影响的主要因素可归纳为以下三类。

第一类,土仓压力。当顶管顶进时,很难达到掌子面的理想平衡状态,土仓内的土压力可能小于或大于掌子面土压力,掌子面上前方土体会产生下沉或隆起。

第二类,地层损失。顶管施工过程中由开挖面卸荷引起的地层损失、管道与土体之间存在环形空隙引起的地层损失、顶管头部钢壁外侧黏附土体移动造成的地层损失、顶管管道和工具管与周围土体发生剪切作用而引起的地层损失等均会使周围土体发生变形,从而导致地表沉降增大。这些地层损失主要导致管片与土体之间产生一定的空隙,虽然这些地层损失引起的原因不一,但在分析时可以统一将其归为不同管片与土体的空隙间距导致的地表沉降。

第三类,土体与顶管管片的相互作用变形。在周围土体压力作用下,管片产生变形,同时管片顶进对周围地层也产生相反方向的作用力,地层变形是土体与衬砌的相互作用的综合表现。

(1)不同土仓压力下顶管施工对管线变形的影响预测分析。

土仓压力是土压平衡矩形顶管机施工对周围环境影响的主要因素之一,研究不同土仓压力对特定地层中顶管施工的地表沉降及管线的影响对变形预测具有重要作用。计算模型顶管埋深选取 4.5m,侧压力系数取为 0.40,故可以计算出密封仓平衡的土压约为 0.08MPa(土仓中心埋深处)。分别计算土仓压力为 0.04MPa、0.08MPa、0.12MPa、0.16MPa 共 4 种工况时的地表沉降曲线,如图 5-6 所示,图 5-6 中横坐标 −30m 为掌子面位置,对应不同土仓压力时的管线变形曲线如图 5-7 所示。

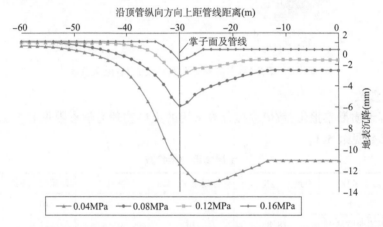

图 5-6 不同土仓压力下纵向地表沉降曲线(掌子面在 −30m 处)

从图 5-6 可以看出:当土仓压力为 0.04MPa 时,在工作面前方约 20m 处开始出现地表沉降,在工作面正上方地表出现最大沉降值为 −11.3mm,在工作面后方 15m 以外,地表沉降趋于稳定,最大沉降值约为 −11.08mm。当密封仓内压力为 0.08MPa 时,在工作面前方约 20m 处开始出现地表沉降,在工作面正上方地表出现最大沉降值为 −5.9mm,在工作面后方 15m 以外,地表沉降趋于稳定,最大沉降值约为 2.9mm。当密封仓内压力为 0.12MPa 时,在工作面前方约 10m 处开始出现地表沉降,在工作面正上方地表出现最大沉降值为 5.14mm,在工作面后方 10m 以外,地表沉降趋于稳定,最大沉降值约为 1.56mm。当密封仓内压力为 0.16MPa 时,在工作面前方约 5m 处开始出现地表沉降,在工作面正上方地表出现最大沉降值为 1.63mm,在工作面后方 5m 以外,地表沉降趋于稳定,最大沉降值约为 0.6mm。因此,随着土仓压力的增加,工作面后方地表沉降在减小,而工作面前方地表则有从沉降向隆起变化的趋势,一般地表沉降影响范围在工作面前方 20m、后方 15m 范围内。

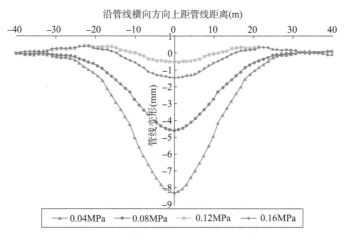

图 5-7　不同土仓压力时的管线变形曲线

从图 5-7 可以看出:在沿管线横向方向上,距离管线 ±40m 处,无论土仓压力大小,管线的变形均趋于 0;当土仓压力为 0.12MPa、0.16MPa 时,从 ±12 ~ ±35m 处区域,有土体隆起的趋势;土仓压力并非与工作面处管线的变形值一直保持负相关关系,0.12MPa 土仓压力对应的管线变形值总体小于 0.16MPa 土仓压力对应的管线变形值,且两者引起的地面隆起值相近,土仓压力 0.12MPa 和 0.16MPa 相比,前者引起的土体隆起在横向范围上更大。这是因为过大的土仓压力增大了横向土体间的相对剪切变形,导致了管线变形增大。

由于管线的影响,在管线处地表沉降明显大于无管线处,且土仓压力越小,该现象越明显。既有管线一定程度上加剧了地表沉降。在顶管顶进时,控制好土仓压力是控制地表变形及既有管线变形的主要有效方法之一,特别是在下穿既有管线时,应尽量增大土仓压力,以避免管线过量变形。根据计算结果,建议顶管在管线左右 20m 范围内控制土仓压力在 0.08 ~ 0.12MPa。

(2)不同地层损失下顶管施工对管线变形的影响预测分析。

由于洞圈与管节间存在 15cm 的建筑空隙,基于地层损失理念,对顶管施工过程的模拟采用简化的"约束—释放"过程来实现。假设掌子面土层沿顶管纵向被完全限制,以模拟土压平衡顶管机的理想平衡状态,顶管周边围岩朝洞内的位移在靠近掌子面的 20m 以内按线性变化,20m 以后为一常数,如图 5-8 所示。

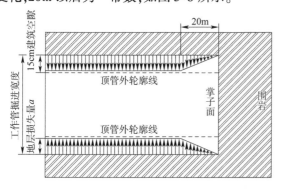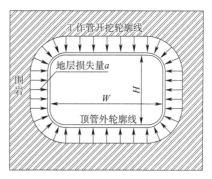

图 5-8　顶进过程中的地层损失模拟示意图

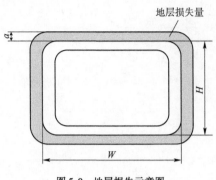

图 5-9　地层损失示意图

施加于隧道周边的位移场对应于地层损失，隧道周边向洞内位移值设定为常数 a，如图 5-9 所示，顶管高为 H，宽为 W，地层损失率为 V_t，则计算公式如下：

$$V_t = \frac{(H+a) \cdot (W+a)}{HW} - 1 \qquad (5\text{-}30)$$

为研究地层损失量对地表沉降的影响，分别选取地层损失量 a 为 2cm、4cm、6cm、8cm、10cm 共五种工况进行计算分析，对应地层损失率分别为 0.76%、1.53%、2.31%、5.09%、3.86%。不同地层损失率下地表沉降与管线变形曲线如图 5-10（见彩插）所示。

由图 5-10 可以看出：所有沉降曲线均呈正态分布。地层损失率越小，地表沉降越小，管线变形越小，不同地层损失率下地表最大沉降与管线最大沉降统计见表 5-4。

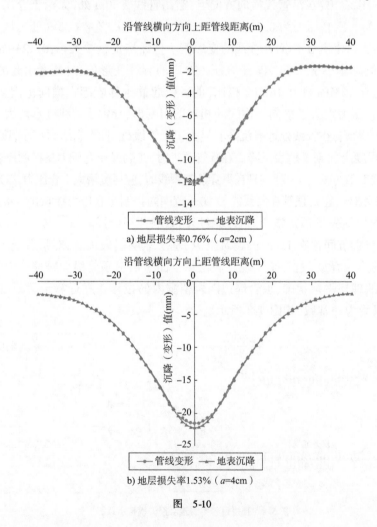

图 5-10

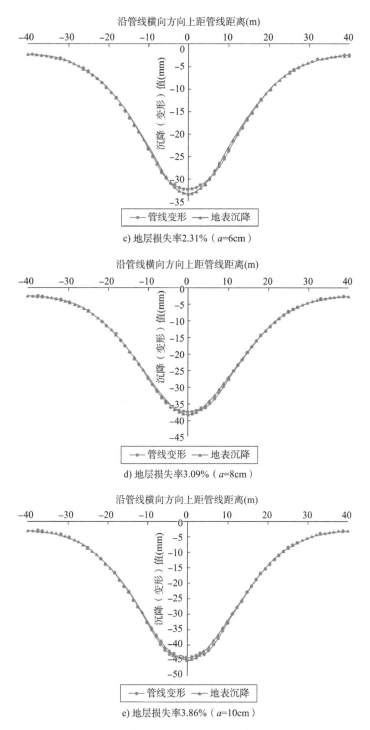

c) 地层损失率2.31%（a=6cm）

d) 地层损失率3.09%（a=8cm）

e) 地层损失率3.86%（a=10cm）

图 5-10 不同地层损失率下地表沉降与管线变形曲线

　　根据表 5-4 中数据绘制地表最大沉降值与地层损失量 a 的关系,如图 5-11 所示,管线变形值/地表沉降值与地层损失率的关系如图 5-12 所示。

不同地层损失率下地表最大沉降值与管线最大变形值　　　　表 5-4

地层损失率(%)	0.76%($a=2$cm)	1.53%($a=4$cm)	2.31%($a=6$cm)	3.09%($a=8$cm)	3.86%($a=10$cm)
管线最大变形值(mm)	-11.82	-21.56	-32.34	-37.49	-44.48
地表最大沉降值(mm)	-12.07	-22.23	-33.26	-38.28	-44.96
管线变形值/地表沉降值	97.93%	96.99%	97.23%	97.94%	98.93%
地表沉降值/a	60.35%	55.58%	55.43%	47.85%	44.96%

注:a-地层损失量。

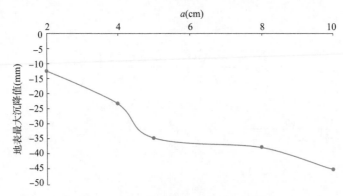

图 5-11　最大地表沉降值和地层损失量的关系

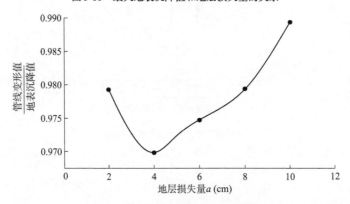

图 5-12　管线/地表与地层损失量的关系

由图 5-11 和表 5-4 可以看出,在管线与土体共同变形条件下,管线变形与地表沉降基本一致,故分析时以地表沉降为主。地层损失率越小,地表沉降越小。地层损失率为 0.76%($a=2$cm)时地表沉降为 -12.07mm;地层损失率为 1.53%($a=4$cm)时,地表沉降为 -22.23mm;地层损失率为 2.34%($a=6$cm)时,地表沉降为 -33.26;地层损失率为 3.09%($a=8$cm)时,地表沉降为 -38.28mm;地层损失率为 3.86%($a=10$cm)时,地表沉降为 -44.96mm。

从图 5-12 中可以看出,当地层损失量介于 2 ~ 4cm 时,管线变形值/地表沉降值与地层损失量成负相关;地层损失量超过 4cm 后,管线变形值/地表沉降值与地层损失量成正相关。这是因为给水管线相比其周身土体而言,刚度较大,在较小的地层损失时,自身刚度可以抵抗部分变形;但当地层损失超过 4cm 时,细长管线无法在下部空隙逐渐增大情况下,承受管线自身与覆土产生的荷载,故变形也迅速增大。

由计算可知,与土仓压力相比,地层损失引起地表和管线沉降更为显著,所以地层损失是引起的地表和管线沉降的最重要因素。

5.3 实际顶进参数下顶管施工引起地表和管线变形监测结果分析

以沈梅路站4号出入口顶管施工为例,顶进时土仓压力选取0.12MPa,通过现场监测数据分析顶管施工对管线变形的影响,地表沉降及管线变形监测点布置如图5-13所示。顶管施工完成后,管线变形、地表沉降分别如图5-14和图5-15所示。

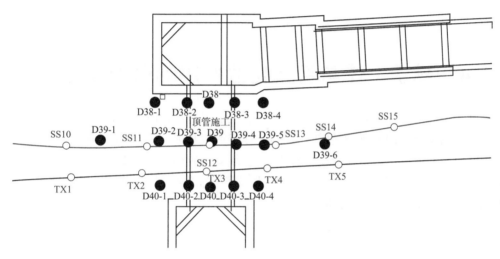

图5-13 4号出入口现场监测点布置示意图

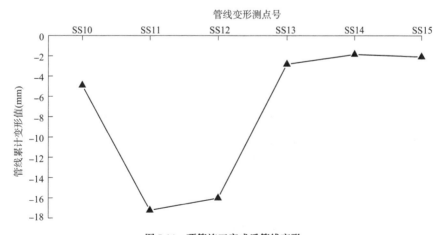

图5-14 顶管施工完成后管线变形

由图5-14及图5-15可知,顶管施工完成后最大管线变形为−17.15mm,最大地表沉降为−22.32mm。顶管顶进施工中土仓压力为0.08MPa,参照上述分析可得,顶管施工过程中地层损失为 3 ~ 4cm,表明本次顶管施工地层损失控制较好。

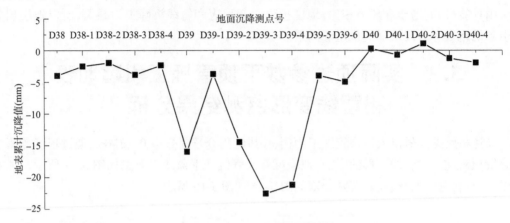

图 5-15　顶管施工完成后地表沉降

5.4　基于土体与管线相互作用的管线变形分析

根据上节监测数据可知,管线变形小于地表变形,与数值计算出入较大。由于数值计算中假设管线与土体共同变形,故管线变形与土体变形值基本一致,但是实际中管线变形与土体变形并非共同变形。若考虑管线自身刚度,管线变形应小于土体变形,其通过现场监测数据得到了验证。如果按照上述分析,通过地表沉降标准来控制管线变形,是较为保守的,本节考虑管线与土体相互作用,分析管线变形。

5.4.1　假设与土体协调变形

假设管线与土体协调变形,即土体变形与管线变形一致。土体变形可以通过 peck 曲线函数计算。

$$S(x) = S_{max}\exp[-x^2/2i^2] \tag{5-31}$$

式中:x——从沉降曲线中心到所计算点的距离(m);

　　S_{max}——地表沉降最大值,位于沉降曲线的对称中心上(mm);

　　$S(x)$——地面任意一点的沉降值(mm);

　　i——从沉降曲线对称中心到曲线拐点的距离(m),一般称为"沉降槽宽度"。

不同土层深度下的沉降槽宽度系数 $i(z)$ 可以通过 Mair(1993)提出的公式确定:

$$i(z) = kz_i + 0.325(z_i - z) \tag{5-32}$$

式中:z——任意一点的高度(m);

　　z_i——隧道埋深(m);

　　k——系数,对于粉质黏土,k 一般取 0.20 ~ 0.30,实际计算 k 取 0.25。

5.4.2　基于 Winkler 地基模型的管线变形计算

顶管顶进后管线受力变形如图 5-16 所示。利用 Winkler 地基模型可得顶管顶进后管线

变形(竖向挠度)计算公式:

$$EI\frac{\partial^4 w}{\partial y^4} + kd\omega = kW_z(x,y,z)d \tag{5-33}$$

式中: E——管线的弹性模量(MPa);

　　I——管线截面惯性矩(mm^4);

　　w——管线挠度(mm);

$W_z(x,y,z)$——土体在该段的竖向变形(mm);

　　k——土体的弹性抗力系数(kPa/m);

　　d——管线半径(mm)。

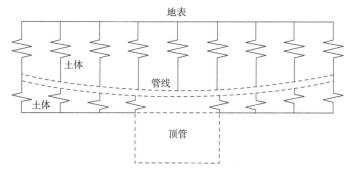

图5-16 顶管顶进后管线受力变形示意图

令 $\gamma = \sqrt[4]{kd/4EI}$,整理上式可得 Winkler 地基模型中管线在集中荷载作用下的微分方程的解:

$$\omega(y) = \frac{kW_z(x,y,z)d}{4EI\gamma^2}e^{-\gamma y}(\cos\gamma y + \sin\gamma y) \tag{5-34}$$

在顶管顶进范围内,管线上任意一点的附加荷载为 $q(\delta)d\delta$,结合上式,荷载作用下管线上任意一点的变形为:

$$d\omega(y) = \frac{q(\delta)}{4EI\gamma^2}e^{-\gamma|y-\delta|}(\cos\gamma|y-\delta| + \sin\gamma|y-\delta|)d\delta \tag{5-35}$$

通过对影响范围内的荷载作用下的变形进行积分,即可得管线变形方程:

$$\omega(y) = \int_{-a}^{a}d\omega(y) = \int_{-a}^{a}\frac{q(\delta)}{4EI\gamma^2}e^{-\gamma|y-\delta|}(\cos\gamma|y-\delta| + \sin\gamma|y-\delta|)d\delta \tag{5-36}$$

式中:$q(\delta)$——近似取上覆土体荷载 γh,γ 为土体重度,h 为覆土厚度。

5.4.3 顶管下穿管线变形现场测试

以沈梅路站 4 号出入口顶管施工为例,在顶管顶进过程中,对管线及管线处地表的竖向变形进行监测,监测点布置如图5-17所示。在顶管未开始顶进时开始监测,开始顶进过程中监测频率为 2～4 次/d,顶进完成后 1 周时间内监测频率为 1 次/d。

顶管施工期间管线及地表累计监测数据见表5-5。结合监测数据与现场巡查情况,顶管施工过程周边环境安全可控。

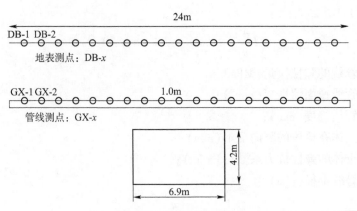

图 5-17 现场监测测点布置

顶管施工期间管线及地表累计监测数据 表 5-5

监测项目	竖向位移(mm)	
	管线	地表
4 号出口	− 17.15	− 22.32

5.4.4 计算结果对比分析

根据现场测试结果,以及式(5-31)得到地表沉降变形曲线如图 5-18 所示。

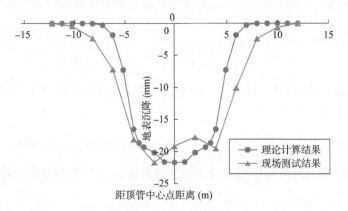

图 5-18 地表沉降曲线对比

由图 5-18 可以看出,地表沉降的理论计算结果与现场测试结果基本吻合。

依据式(5-36)得到各计算方法管线变形曲线,如图 5-19 所示。

由图 5-19 可以看出,现场测试管线变形呈抛物线形,变形形态与 Winkler 地基模型计算结果基本相似,但较其计算大。土体协同变形计算管线变形形态与地表沉降基本相似,但与管线实际变形形态相差较大,且变形比管线实际变形大。故参照土体协同变形结果制定管线变形控制标准是基本可行的,但是相对较为保守,可根据实际情况进行修正。通过土体协同变形计算管线受力并不适用,其受力计算还需另作考虑。

根据土体变形及管线变形结果,可得管线变形受力模型,如图 5-20 所示。

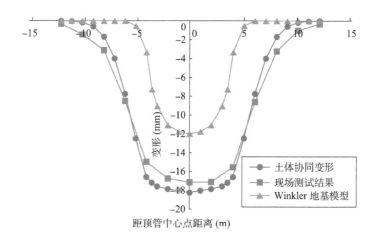

图 5-19 各计算方法结果管线变形、土体协同变形曲线

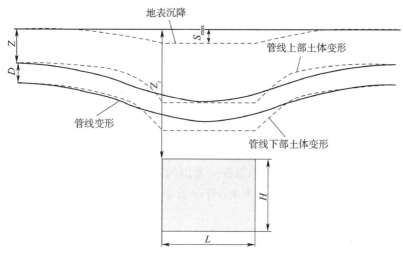

图 5-20 管线变形受力模型示意图

通过上述计算分析可知,顶管顶进过程中土体对管线上部为荷载作用,下部为支撑作用。管线在土体中受力相对复杂,一定程度上随土体变形,但并不完全是协同变形;实际施工中,通过地表沉降变形推测及控制管线变形更具有可行性,但需要对控制标准进行一定程度的修正,以降低施工控制成本。

5.5 顶管下穿地下管线施工保护控制措施

5.5.1 地下管线的分类

地下管线按照与周围土体的相对刚度 λ 可用分为柔性管和刚性管:当 $\lambda < 1$ 时,为柔性管;当 $\lambda > 1$ 时,为刚性管。

管-土相对刚度 λ 取决于管材的弹性模量 E_p、回填土的变形模量 E_d、管道的平均半径 r_0

及壁厚 t 等因素,具体判别式为:

$$\lambda = \frac{E_p}{E_d} \cdot \left(\frac{t}{r_0}\right)^3 \tag{5-37}$$

(1)柔性管。

管-土相对刚度比小于1。钢管、塑料管一般属于柔性管,它们的特点是在土压力等外荷载作用下管断面的变形很大,如钢管所允许的变形量可达(2% ~ 3%)D(D-管道直径),计算时不可忽略,否则将导致错误。柔性管的变形会使周围土体产生土体抗力,它对管壳临界压力的增大,管壁弯矩值及管断面挠度量的减小都将产生很大的影响。

(2)刚性管。

管-土相对刚度比大于1。钢筋混凝土管、铸铁管等一般属于刚性管,刚性管在土压力等外荷载作用下管断面变形很小,对管壁内力等计算影响甚小,可忽略不计。

5.5.2 顶管施工地下管线的破坏模式

顶管施工引起周围土体扰动,引起不均匀沉降和水平位移,从而导致邻近地下管线产生附加应力和变形,当应力和变形达到一定值时,管线就可能产生开裂,泄漏液体或气体,甚至引起地下管线结构完全破坏。地下管线破坏一般有两种情况:①管段在附加拉应力作用下出现裂缝,甚至发生破裂而丧失工作能力;②管段完好,但管段接头转角过大,接头不能保持封闭状态而发生渗漏。管线的破坏可能主要由其中一种情况引起,也可能由两种情况同时引起。

顶管开挖的卸载过程中,施加在管线上的荷载变化最大的是纵向弯曲荷载,地下管线的纵向应力较其他应力大,故纵向应力屈服首先考虑的是破坏模式。另外,由于地下管线的变形直接影响管线接头构造,当变形过大时,管线就会发生破坏,因此构造破坏也是必须考虑的。

柔性管(主要为钢管及塑料管)破坏是屈服作用产生过度变形而使管段发生破裂。刚性管破坏的主要模式有由纵向弯曲引起的横断面破裂、由管段环向变形引起的径向开裂和管段接头处不能承受过大转角而发生渗漏三种情况。

5.5.3 地下管线安全性判别方法

地下管线安全性判别方法可以分为两大类:应力判别法和管道张角判别法。应力判别法一般适用于管段接头强度相对管身强度没有明显差别的柔性管;管道张角判别法一般适用于管段接头为柔性接头的刚性管。

(1)应力判别方法。

$$\sigma_{max} \leqslant [\sigma] \tag{5-38}$$

式中:σ_{max}——管道横截面最大正应力(MPa);

$[\sigma]$——管道材料的容许抗拉、压应力(MPa)。

(2)管道张角判别方法。

$$\Delta = \frac{D_p l_p}{R_p} < [\Delta] \tag{5-39}$$

式中:Δ——接缝张开值(m);

$[\Delta]$——接缝允许张开值(m);

R_p——管线变形曲率半径(m);

D_p——管线外径(m);

l_p——管节长度(m)。

(3)管线曲率半径判别方法。

应根据管线类型、管线适应变形的能力,确定管线在地层变形时的曲率半径及允许的曲率半径。基于弹性地基梁理论,廖少明、刘建航提出地下管线按柔性管和刚性管分别考虑,其中刚性管弹性地基梁计算原理和计算模型分别如图 5-21 和图 5-22 所示。

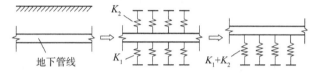

图 5-21 地下管线刚性管弹性地基梁计算原理

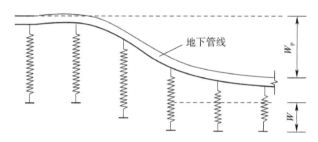

图 5-22 地下管线刚性管弹性地基梁计算模型

在地层下沉时,柔性地下管线受力变形可以从管节接缝张开值、管节纵向受弯及横向受力等方面分析每节管线可能承受的地基差异沉降值,进而分析地下管线的反应。其中柔性管管线的允许曲率半径计算方法如下:

①按管节接缝张开值[Δ]确定管线允许曲率半径。

$$[R_p] = \frac{l_p D_p}{[\Delta]} \tag{5-40}$$

式中:l_p——管线管节长(m);

D_p——管道外径(m)。

②按管道纵向受弯允许应力[σ_p]确定允许曲线半径。

$$[R_p] = \frac{K l_p^4 D_p}{384[\sigma_p]W_p} \tag{5-41}$$

式中:K——地基基床弹性系数;

D_p——管道外径;

I_p——管道的截面惯性矩;

W_p——管道截面模量。

③按管道横向受压时管壁允许应力确定管线允许曲率半径。

$$[R_p] = \frac{15Kl_p^2 D_p^2}{64t^2[\sigma]m} \tag{5-42}$$

式中：t——管道壁厚；

m——与管龄有关的系数，$m < 0.3$。

（4）数值模拟判别方法。

根据 FLAC3D 计算结果，可将数值模拟的管线沉降、水平位移及大主应力与现有判别方法结合起来判断地下管线的安全性，从而解决现有管线位移和内部应力不易量测的问题。

①转角判别法。

由程序计算出管段各接头处的沉降值及水平位移值，确定管线各接头处的转角。应当指出的是，由于数值计算程序假设管线是无接头的连续管线，判别时可以假设管线接头处于最不利的位置。

②应力判别法。

根据程序计算管线纵向应力，其与管线的允许应力值进行对比分析，以确定管线的安全状态。

5.5.4 顶管施工地下管线保护措施

（1）前期工作。

①管线调查：施工前对顶管沿线的邻近管线进行详细调查，了解地下管线的种类、结构、材质、规格及接口等特性，以及管道的使用功能、管道与隧道轴线的相对位置、埋深、埋设年代等详细信息，确定相应管线的处理方法及保护标准，编制详细、准确的管线基础资料，确定保护方案。

②变形标准制定：根据管线制造材料、接口构造、管节长度等，分析预测地层隆起和沉降对管线的影响，制定不同管线的变形控制标准。

（2）施工控制。

由于顶管施工工艺的复杂性，影响顶管施工的参数众多，如土仓压力、顶推速度、注浆压力、注浆量、千斤顶顶推力、进排泥系统等，而且各施工参数之间相互影响，共同作用来维持整个顶管施工过程的正常进行。与此同时，不同的施工参数对土体的扰动程度和范围是不同的，顶管施工参数的选择对维持开挖面保持稳定，以及减少对土体的扰动起着极其重要的作用。

①泥水仓压力。

在泥水平衡顶管中，通常需要在泥水仓内建立高于地下水压力 10 ~ 20kPa 的泥水压力，与此同时应加强泥水管理，并根据周围地层的渗透性调整泥浆性状，使挖掘面上的泥膜快速形成，以保持开挖面的正常稳定，避免因泥水仓压力变化引起地面隆起或沉降。

②顶进速度。

在顶进速度的控制中,应注意以下几点:a. 开始顶进和结束顶进之前速度不宜过快;b. 每节顶进开始时,应逐步提高顶进速度,防止启动速度过大;c. 一节顶进过程中,应尽量保持恒定,减少波动,以保证切口水压稳定和送、排泥浆管的畅通;d. 顶进速度的快慢必须满足每节润滑泥浆注浆量的要求,保证润滑泥浆处于良好的工作状态。

③注浆压力。

注浆压力 P 根据泥浆套顶端的水土压力值 P_A 而定,若 $P < P_A$,管道外土体将向管外壁建筑间隙移动;若 P 值过大时,将导致泥浆套增厚,浆液量增大,土体固结持续时间长,也增加了对土体的扰动。故应根据地层状态选择渗透性好、固结强度大的壁后注浆材料,尽量采用同步注浆,并加强对注浆压力的控制。

④注浆量。

顶管顶进工程中,减阻泥浆的用量主要取决于管道周围空隙的大小及周围土层的特性。由于泥浆的流失及地下水等的作用,泥浆的实际用量要比理论用量大得多。施工中应根据土质情况、顶进状况及地面沉降的要求等对泥浆用量做适当的调整。

⑤顶推力。

顶管施工所需顶推力的大小与管道外壁的摩阻力和前端阻力有关,同时还受到各种外界因素如纠偏、反力墙的位移等影响。一般根据计算的总推力、工作井所能承受的最大顶推力及管材轴向允许推力,取三者最小值作为液压缸的总推力。

⑥进、排泥系统。

泥水平衡顶管进、排泥水量的调配是确保挖掘面稳定的条件之一,也是确保泥水能正常输送不可忽视的一个重要环节。应根据工程地质资料,对进、排泥水的比重进行调配,确保泥水在输送管内不易沉淀,也能确保挖掘面的稳定。初始顶进时出土量一般控制在理论出土量的95%左右,正常情况下出土量控制在理论出土量的98%~100%。

(3)监测反馈。

加强地表及管线的沉降监测,尤其是对沉降敏感管线(如混凝土管、煤气管等)的沉降监测。根据监测结果,及时分析、评估施工对管线的影响,按施工和变位情况调节监测频率,及时反馈监测信息并指导施工。各种材料的管线允许沉降值见表5-6。

各种材料的管线允许沉降值　　　　　　　　表5-6

材料	允许拉应力（MPa）	弹性模量（10^4 MPa）	$[S]$ (mm)		
			I	II	III
C7.5	0.055	0.145	91.4	82.92	42.24
C15	0.09	0.22	95.07	86.11	43.87
C25	0.13	0.28	101.1	91.74	46.74
C35	0.16	0.315	105.93	95.95	28.88
C45	0.19	0.335	111.94	101.39	51.66
C55	0.21	0.355	114.32	103.55	52.75

续上表

材料	允许拉应力 （MPa）	弹性模量 （10^4 MPa）	$[S]$（mm）		
			I	II	III
水泥砂浆	0.005 ~ 0.01	0.124	30 ~ 42	27 ~ 38	14 ~ 20
A3 钢	100 ~ 200	11.5 ~ 16	438 ~ 526	397 ~ 476	202 ~ 243
灰口铸铁	38 ~ 47	20 ~ 21	204 ~ 222	185 ~ 201	95 ~ 103

注：I-加强监测并采取相应工程措施；II-加强监测；III-正常施工。

顶管施工时，地下管线的保护可考虑采用迁移、临时加固、悬吊或管下地基注浆等保护措施，且应尽可能结合对邻近建筑物的保护一同考虑，以降低保护费用。

第6章 矩形顶管"金蝉脱壳"快速施工技术

在地铁车站后期建设的出入口通道施工过程中常会面临车站主体结构预留空间不足的情况,同时工期紧迫,不得不采用矩形顶管弃壳技术。

上海地铁18号线沈梅路站主体结构位于沪南公路地下,沪南公路现为通车道路。沈梅路车站3号出入口及4号出入口位于沪南公路西侧非机动车道、人行道、绿化带及部分厂区内,紧邻下盐路。3号及4号出入口采用顶管法施工。由于车站主体结构先行施工,导致无条件放置顶管接收井,故取消顶管接收井,采取顶管弃壳接收方式("金蝉脱壳"),接收口设置在车站主体结构内。

"金蝉脱壳"是指在顶管机推进弃壳段后,将顶管顶进装置分解拆除,顶管壳体留置在土体中,用现浇混凝土衬砌代替顶管管节。其面临的问题有:由于通过主体结构侧墙开洞接收,顶推力控制要求高,变形控制难度大;作业空间狭小,混凝土模板安装固定困难;现浇段顶板为平板结构,浇筑混凝土时易造成顶板局部混凝土不密实;现浇混凝土衬砌与顶管管节、地下连续墙和主体结构侧墙连接处隐藏接缝多,防水处理困难。

基于沈梅路车站出入口所在地层和顶管施工特点,综合考虑顶管"金蝉脱壳"工艺流程,针对上述施工难点,提出了顶管"金蝉脱壳"施工与衬砌混凝土高效浇筑及接头防水工法。

6.1 "金蝉脱壳"工艺原理和技术特点

6.1.1 工艺原理

(1)顶管顶进之前,采用探孔的方式观察墙体外围地层止水效果,如果有水流涌出,则应从出口处沿顶管机周边一定范围内钻孔注浆加固,以保证脱壳过程中无水渗出;

(2)顶至接收加固段时,利用顶管机自带压浆孔向顶管机四周注双液浆,填充顶管机壳四周空隙;

(3)地下连续墙凿除后,利用砌砖快速封堵洞门与管节、机壳之间的空隙,并利用水泥浆液带压注浆置换泥浆,预防地下水渗入,减少脱壳过程中土体及既有结构变形,保证施工安全和防水要求;

(4)采用先浇筑底板与矮边墙,再浇筑侧墙与顶板的混凝土分次浇筑方式,提高浇筑效

率及质量;

(5)利用机壳框架焊接纵向分仓钢板,采用微膨胀自密实混凝土进行带压灌注,保证混凝土浇筑效率与质量;

(6)在分仓钢板处安装套入式橡胶止水带,主要作用为密封止水,保证模板与分仓钢板密贴,防止浇筑过程中串浆,增加钢板耐久性,起防护作用;

(7)通过在现浇混凝土衬砌与预制管节之间设置引导性防排水施工缝,有效引导渗出的地下水排出,大大降低现浇混凝土衬砌与其他既有结构间缝隙防水要求,避免其他施工缝运营期间出现渗漏水;

(8)引导性防排水施工缝填充堵水材料可拆除替换,以方便运营期间检修。

"金蝉脱壳"工法施工工艺流程如图6-1所示。

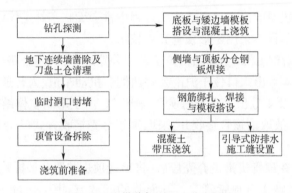

图6-1 "金蝉脱壳"施工工艺流程图

6.1.2 技术特点

(1)采用端头砌砖快速封堵以及水泥浆液带压快速置换顶管外侧泥浆,预防地下水渗入,同时减少脱壳后围岩变形,保证既有结构安全和防水要求。

(2)利用机壳框架焊接纵向分仓钢板,提高钢壳体抗变形能力;采用微膨胀自密实混凝土进行带压灌注,保证混凝土浇筑质量与效率。

(3)现浇混凝土衬砌与预制管片之间设置引导性防排水施工缝,如有地下水渗出,可引导地下水有序排出,有效解决了现浇筑混凝土与既有结构接缝渗漏水问题。

6.2 "金蝉脱壳"施工关键技术

6.2.1 钻孔探测

顶管机顶至接收区域土体时,先对周边土体进行加固处理,并采用探孔的方式观察墙体外围地层止水效果。如果发现大量水流涌出,从出口处沿顶管机周边一定范围内钻孔注浆加固,钻孔探测如图6-2所示。如果土体完整无渗水现象,则顶管机匀速前进,机头迅速贴靠到地下连续墙上,等待地下连续墙的破除。

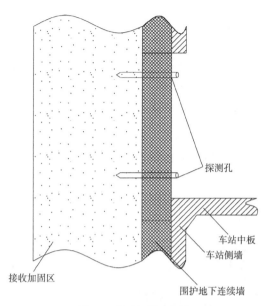

图 6-2 钻孔探测示意图

6.2.2 地下连续墙凿除及刀盘土仓清理

先用人工凿除顶管机壳范围内地下连续墙,然后顶管机缓缓顶进,待机头帽檐进入围护体外侧时(即壳体进入主体地下连续墙范围后)停止顶进,清除机头刀盘土仓内泥土,地下连续墙凿除及土仓清理见图6-3。顶进中利用顶管机自带压浆孔向顶管机四周注双液浆,填充顶管机壳四周的空隙,固结顶管机壳位置。

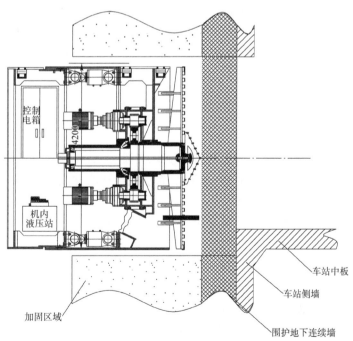

图 6-3 地下连续墙凿除及土仓清理

6.2.3 临时洞口封堵

地下连续墙凿除完成后,顶管机顶进地下连续墙中心40cm处,立即在管壳四周砌砖,将洞门与管节、机壳之间的空隙封堵,见图6-4。利用水泥浆液带压注浆置换泥浆,以减少脱壳过程中土体及既有结构变形,防止地下水渗入。

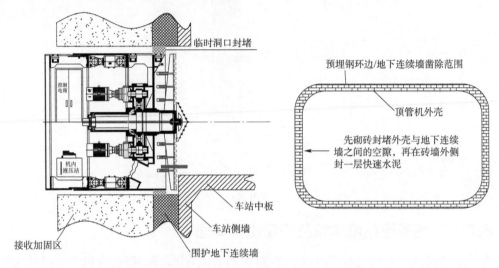

图6-4 外壳与洞门缝隙封堵示意图

6.2.4 顶管设备拆除

顶管设备拆除流程为:顶管机周围注浆→拆除螺旋出土机1台→拆除后壳体纠偏液压站1座→拆除后壳体脱节液压缸4个→拆除顶管机变频器控制柜1台→拆除中壳体纠偏液压缸16个→拆除前壳体减速机14个→拆除前壳体马达8个→拆除前壳体齿轮箱5个。当具备接收条件后从接收端拆除刀盘,最后切除前壳体6cm厚度胸板。

6.2.5 壳内混凝土浇筑

(1)浇筑前准备。

由于受到场地限制,物资须从始发井调运至现浇段,无法与顶管设备的拆卸同时进行。待顶管机壳内所有设备拆卸、吊装完毕,吊装钢筋模板至接收井底部,再由人工倒运至现浇段,如图6-5所示。

将现浇段分为两部分浇筑,第一部分为底板与矮边墙,第二部分为侧墙与顶板,具体如图6-6所示。

(2)底板与矮边墙模板搭设与混凝土浇筑。

绑扎底板与矮边墙处钢筋并搭设模板。使用地泵浇筑混凝土,泵管从始发井接装至浇筑位置。采用微膨胀自密实混凝土浇筑,待混凝土终凝后,将矮边墙顶部凿毛并将虚渣清理干净。

(3)侧墙与顶板分仓钢板焊接与钢筋绑扎。

利用顶管机壳体框架焊接纵向分仓钢板,每50cm设置一道分仓钢板,钢板厚度为2mm,

如图 6-7 所示。在分仓钢板处安装套入式橡胶止水带,如图 6-8 所示。橡胶止水带主要作用为:①密封止水;②使模板能够与分仓钢板密贴,防止浇筑过程中串浆;③增加钢板耐久性,起防护作用。

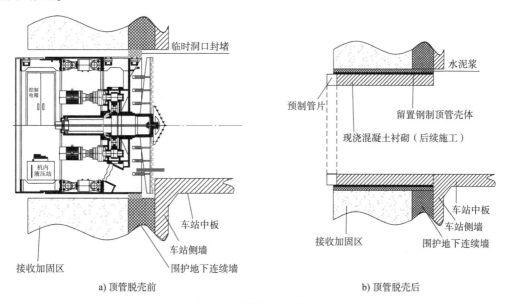

a) 顶管脱壳前　　　　　　　　b) 顶管脱壳后

图 6-5 顶管脱壳示意图

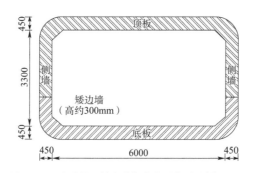

图 6-6 现浇混凝土衬砌分部浇筑示意图(单位:mm)

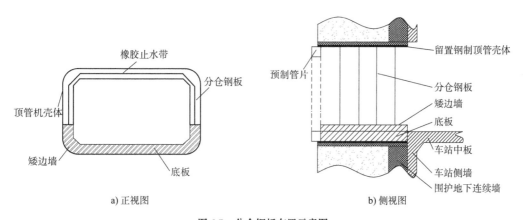

a) 正视图　　　　　　　　b) 侧视图

图 6-7 分仓钢板布置示意图

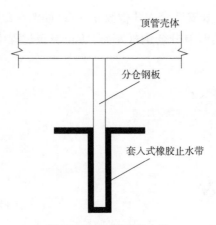

图6-8 套入式橡胶止水带

侧墙与顶板钢筋分仓绑扎。环向钢筋与矮边墙环向钢筋搭接,纵向钢筋两头与分仓钢板焊接。在钢筋绑扎前,需要在机壳上焊接竖向的框架定位筋,顶板的双层钢筋与框架定位筋通过绝缘卡和绝缘扎丝有效连接成一个整体。

(4)侧墙与顶板模板安装。

侧墙与顶板钢筋绑扎完成后,搭设支架安装模板。采用拼装式模板进行铺设,采用满堂脚手架支撑模板。满堂脚手架中间设置宽度1.2m、高度1.8m通道,以方便浇注泵管架设和人员进出。

现浇混凝土与预制管片接缝处需预留约5cm空间,以设置引导式防排水施工缝。

(5)侧墙与顶板混凝土浇筑。

后浇段使用地泵浇筑混凝土,泵管从始发井接装至浇筑位置。每仓在模板上部设置注浆孔,孔内设置可伸缩注浆软管。泵管通过布料器从中间一分为二,分层分仓对称带压浇筑混凝土。浇筑顶板时,泵管沿顶板边缘伸入至洞口内部,如图6-9所示。浇筑时混凝土由内而外挤压密实,模板内注浆管随混凝土注浆逐渐向注浆口拔出,混凝土浇筑如图6-10所示。

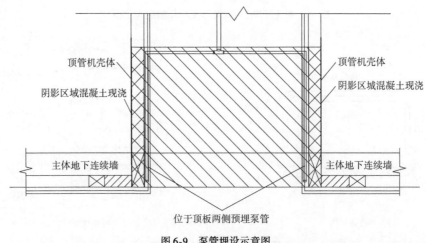

图6-9 泵管埋设示意图

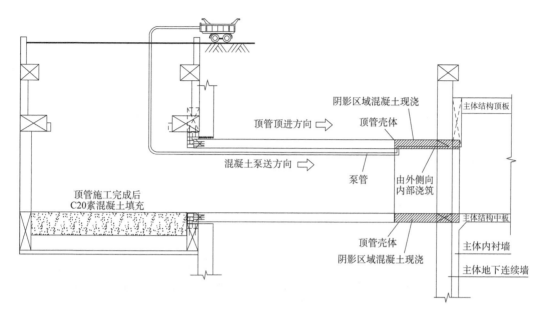

图6-10　混凝土浇筑示意图

6.2.6　与既有结构衔接缝处防水设置

混凝土浇筑时,现浇段与地下连续墙、主体结构侧墙之间的衔接缝预埋全断面注浆管以及遇水膨胀橡胶止水条,防止施工缝处渗漏水,如图6-11所示。

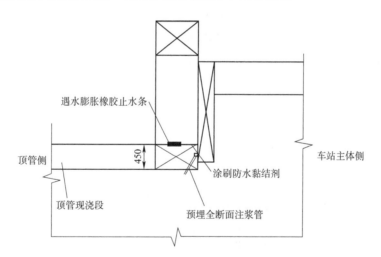

图6-11　顶管现浇段与车站主体结构连接处防水示意图(单位:mm)

现浇结构与预制管节间留有5cm间隙,以设置引导式防排水施工缝。引导式防排水施工缝设置位置如图6-12所示,具体构造如图6-13所示。

引导式防排水施工缝主要作用为:①通过人为设置渗漏水通道,有效引导渗水排出,大大降低现浇混凝土衬砌与其他既有结构间缝隙防水要求,避免其他施工缝运营期间出现渗漏水;②填充堵水材料可拆除替换,方便运营期间检修,实现易维修和可维修目标。

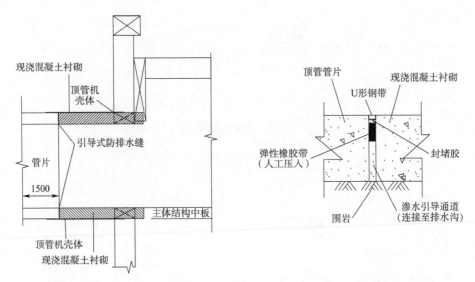

图6-12 引导式防排水施工缝设置位置(单位:mm)　　　图6-13 引导式防排水施工缝构造

6.3 关键节点变形和受力分析

6.3.1 顶管近接既有地下连续墙及车站侧墙变形受力分析

顶管在接近既有地铁车站时,刀盘需尽量靠近地下连续墙,如图6-14所示。当刀盘逐渐接近地下连续墙时,地下连续墙需承受顶管的顶推力,从而导致侧向变形。如果顶推力控制不当,可能会导致车站已施作内墙变形过大及开裂。故根据现场实际情况,模拟顶管顶进地下连续墙,分析其变形受力情况,为顶管顶进方案提供依据。

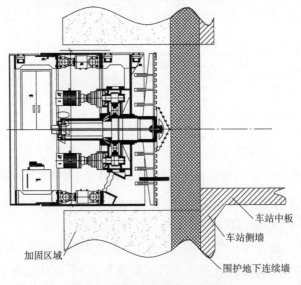

图6-14 顶管刀盘靠近地下连续墙

顶管接收侧地下连续墙如图 6-15 所示。

根据实际情况建立数值计算模型,如图 6-16(见彩插)所示,顶进计算过程如图 6-17(见彩插)所示,物理力学参数见表 6-1 和 6-2。

图 6-15　顶管接收侧地下连续墙

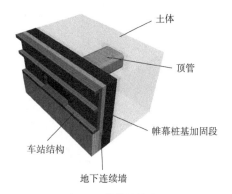

图 6-16　数值计算模型

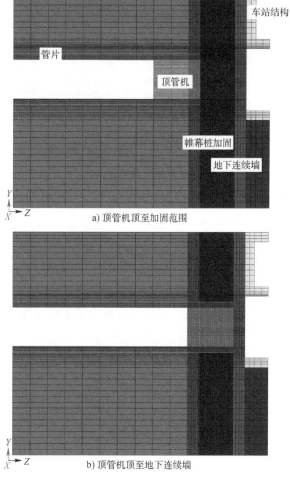

a) 顶管机顶至加固范围

b) 顶管机顶至地下连续墙

图　6-17

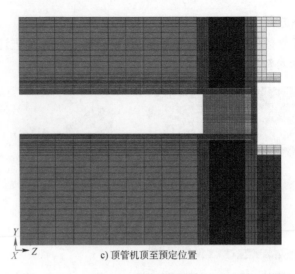

c) 顶管机顶至预定位置

图6-17 顶进计算过程

土层物理力学参数 表6-1

埋深(m)	岩土名称	重度(kN/m³)	弹性模量 E(MPa)	泊松比 μ	黏聚力 c(Pa)	摩擦角 φ(°)
0~5	杂填土	19.5	5	0.40	10.1	8
5~10	淤泥质粉质黏土	18.8	10	0.38	13.4	11
>10	灰色粉质黏土	19.1	12	0.38	14.6	14

结构构件材料物理力学参数 表6-2

结构构件	重度(kN/m³)	弹性模量(GPa)	泊松比
管片	27	35.5	0.20
顶管机	78	90.0	0.22
地下连续墙	25	28.0	0.20
帷幕桩加固区域	22	2.0	0.25
车站结构	25	32.5	0.20

顶进顶推力根据现场实测数据取值。各阶段顶推力实测值见表6-3。

各阶段顶推力实测值 表6-3

各阶段	始发加固区	5~10m	10~15m	15~20m	20~25m	接收加固区
200t液压缸(个)	10	8	8	8	8	12
顶压力(MPa)	25	16	18	20	25	30
顶推力(kN)	16000	8500	9500	10500	13000	23000

顶进过程中,地下连续墙及车站结构横向变形如图6-18(见彩插)所示,图中 Z 向正向为车站方向。

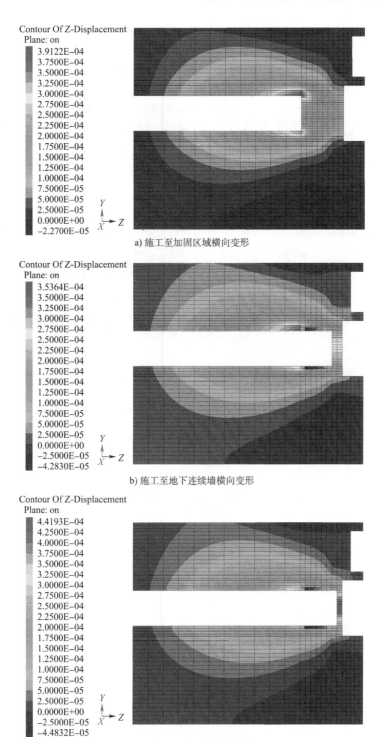

a) 施工至加固区域横向变形

b) 施工至地下连续墙横向变形

c) 施工至预定区域横向变形

图 6-18 随顶管顶进地下连续墙及车站结构横向变形(单位:m)

由计算结果可知,顶管顶进至预定区域时,地下连续墙横向变形仅为 0.44mm,能够满足变形及承载要求。

6.3.2 顶管脱壳后钢壳变形分析

顶管脱壳后,仅有钢制顶管壳体(厚度5cm)作为临时承载结构(图6-19、图6-20),直至现浇顶管管片浇筑成型。故在该阶段,对钢制顶管壳体变形进行验算,以保证施工安全。

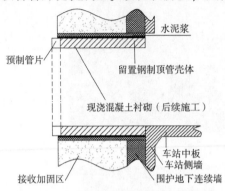

图6-19 顶管脱壳后钢制顶管壳体示意图

图6-20 顶管脱壳后钢制顶管壳体现场图

计算模型及参数与前面一致,顶管顶进和脱壳过程中,结构及围岩竖向变形如图6-21(见彩插)所示。

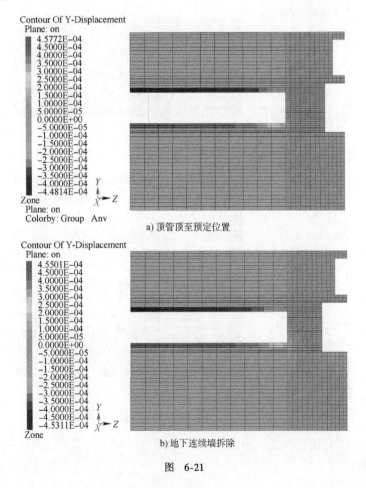

图 6-21

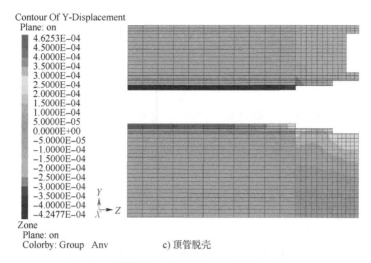

图6-21 顶管脱壳过程结构及围岩竖向变形(单位:m)

由于管片、加固区、地下连续墙的联合支撑作用,仅设置顶管壳体能够保证变形要求,竖向变形仅为0.46mm。

6.3.3 现浇顶管管节支架受力验算

上海地铁18号线沈梅路站3、4号出入口机头现浇段尺寸一模一样,侧墙之间净宽为6m,单侧墙厚400mm,侧墙高度3300mm,顶板板厚400mm,净高为3300mm,机头长度为5.2m。因为现浇段外整体一圈为机头的钢板,所以侧墙单侧支模,整体搭设扣件式满堂脚手架。

立杆的横向及纵向步距均为600mm,水平杆的水平间距及竖直间距均为600mm,钢管类型为$\phi 4.8 \times 2.7$mm。顶板次楞间距为300mm,主楞的布置方向平行于顶板长边。侧墙的次楞方向为水平方向,主楞为合并根数为2的$\phi 4.8 \times 2.7$mm钢管。经验算,支架变形及刚度均符合要求。

第7章 矩形顶管施工技术在复杂环境工程中应用

目前,我国城市化进程的加快,对地下交通的需求不断加大,地铁是地下交通的主要方式。地铁工程穿越城市密集区,无法进行大规模的开挖施工。以此为背景,传统的施工方法无法满足地铁修建要求。其中,浅埋暗挖法作为一种非直接开挖工法,其存在产生沉降过大、施工速度较慢、施工工艺复杂等问题;盾构法施工工艺复杂、成本高、施工速度慢,无法进行短距离施工。顶管法作为一种新的非开挖方法,因其产生的沉降小、施工工艺简单、施工速度快等优点得到了广泛推广。

市政建设的高速发展,带动过街人行地道、地铁车站的进出口连通道等地下隧道工程建设,加上隧道掘进技术的日益提高,为矩形顶管的应用创造了时机和条件,矩形顶管施工技术对于城市建设具有重要意义,并有十分广阔的应用前景。

7.1 工程建设概况

7.1.1 沈梅路站概况

沈梅路站位于沈梅路以南的沪南公路上,沿沪南呈南北向布置,为地下两层岛式车站。车站南侧的 2 号出入口需穿越康沈路采用顶管施工,3 号、4 号出入口因需要穿越既有管线也采用顶管施工,如图 7-1 所示。顶管出入口基坑围护均采用 $\phi800@950mm$ 钻孔灌注桩加 $\phi850@600mm$ 搅拌桩止水帷幕。

7.1.2 下盐路站概况

下盐路站为地下二层岛式车站,采用单柱双跨现浇钢筋混凝土箱形结构。3 号、4 号出入口采用"金蝉脱壳"顶管法施工,下盐路站 3 号出入口与 4 号出入口不具备接收顶管机条件,需要进行弃壳施工。顶管出入口基坑围护结构选用 $\phi800@950$ 钻孔灌注桩 + $\phi850@600$ 搅拌桩止水帷幕。

7.1.3 水文地质条件

根据地质勘察报告,工程主要处于深度 60.41m 范围内地基土属第四纪晚更新世及全新

世沉积物,主要由黏性土、粉性土和砂土组成,分布较稳定,一般具有成层分布的特点,可划分为 7 个主要土层,如图 7-2 所示,其中第①、②、⑤、⑦层再细分为若干亚层及次亚层,第③层中含有夹层。

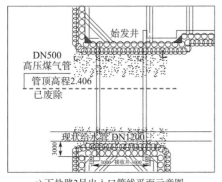

a) 下盐路3号出入口管线平面示意图

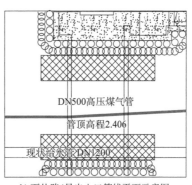

b) 下盐路4号出入口管线平面示意图

图 7-1　工程总平面图(单位:m)

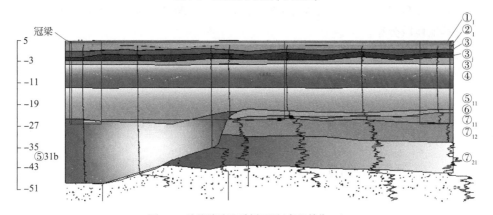

图 7-2　沈梅路站地质剖面图(高程单位:m)

拟建场地地基土分布自上而下详述如下:

第①₁层杂色填土,道路区域表层为柏油路面,其他区域填土上部夹较多碎石、砖屑等杂物,其下一般以黏性土为主,偶含碎石及植物根茎。

第②₁层灰黄色粉质黏土,层底埋深 2.40~4.40m,层厚 0.5~2.6m,含氧化铁斑纹,土质自上至下逐渐变软,可塑~软塑状态,中等压缩性。该层局部在填土较厚区段及暗浜区域缺失,分布不连续。

第③层灰色淤泥质粉质黏土,层底埋深 8.00~9.20m,层厚 2.4~4.5m,含云母、有机质,夹薄层粉性土,土质不均匀,呈流塑状,高等压缩性,场地内遍布。该层中部以粉性土为主,故划分出③ⱼ层。

第③ⱼ层灰色黏质粉土,层底埋深 5.50~7.80m,层厚 0.7~2.9m,含云母,局部夹薄层黏性土及砂质粉土,土质不均匀,松散状态,中等压缩性,场地内遍布。

第④层灰色淤泥质黏土,层底埋深 17.20~18.10m,层厚 7.9~9.4m,含云母、有机质,局部夹少量薄层粉性土,局部底部夹贝壳碎屑,土质均匀,呈流塑状态,高压缩性,场地内遍布。

第⑤$_{11}$层灰色黏土,层底埋深25.40~32.00m,层厚7.1~140m,含云母、有机质,偶见贝壳碎屑,随深度增大土性渐趋好,局部底部为粉质黏土,呈流塑~软塑状态,高压缩性,场地内遍布。

第⑥层暗绿色粉质黏土,层底埋深26.90~29.80m,层厚0.9~3.1m,含氧化铁斑点,呈可塑~硬塑状态,中等压缩性,在正常地层区分布。

第⑦$_{11}$层草黄色黏质粉土夹粉质黏土,层底埋深28.80~32.50m,层厚0.9~4.0m,含云母及氧化铁条纹,土质不均匀,稍密状态,中等压缩性,场地南部古河道区该层缺失,其他地段分布。

第⑦$_{12}$层草黄~灰黄色砂质粉土,层底埋深35.50~38.10m,层厚2.1~8.9m,含云母,局部夹粉砂、黏质粉土,土质不均匀,中密~密实状态,中等压缩性,场地南部古河道区该层缺失,其他地段分布。

第⑦$_{21}$层灰黄色~灰色粉砂,层底埋深45.70~49.50m,层厚2.0~12.5m,由石英、长石、云母等矿物颗粒组成,局部夹细砂,密实状态,中等压缩性,场地南部古河道切割较深处该层缺失,其他地段分布。

顶管主要穿越③灰色淤泥质粉质黏土,③$_j$灰色黏质粉土,以及一部分④灰色淤泥质黏土。

7.2　工程重难点分析

7.2.1　工程重点难点

(1)确保矩形顶管近距离安全穿越既有管线。

根据设计图纸显示,下盐路顶管顶部距离DN1200现状给水管底有3m。由于矩形顶管的截面较大,顶进时,对地下土体的扰动也相对较大,不可避免地使现状管线产生变形,如何确保矩形顶管近距离安全穿越既有管线是本工程重点和难点之一。

(2)大型设备进出场和吊装。

顶管外截面达到6900mm×4200mm,顶管机的整机质量将近133t,吊装单体最大质量也将达到81t左右。每节管片的质量也在40t左右。顶管设备进场后的吊装、翻身以及管节进场后的吊装、翻身工序多,将是本项目施工的重点和难点之一。

(3)顶管顶进的始发、接收。

矩形截面顶管的始发、接收是矩形顶管法施工地下通道的关键工序。该工序施工技术的应用直接影响建成后地下通道的轴线质量、进出洞口处环境保护,附近道路、构建筑物安全,以及工程施工的成败。尤其下盐路站3号出入口与4号出入口不具备接收条件,需要进行弃壳施工,也是本工程施工一个难点。

(4)顶管顶进过程中对地面及周边建构筑物沉降的控制。

矩形顶管施工截面大,顶进过程中对地下土体的扰动较大,对路面及周边构建筑的沉降控制是施工过程中的重点和难点之一。

7.2.2　解决措施

（1）矩形顶管近距离安全穿越既有管线的解决措施。

①在施工前与既有管线养护单位沟通，了解、掌握既有管线的运营状态，在管线合理位置布置监测点，密切关注土层沉降变化。

②在顶管机穿越既有管线时，严格控制机头正面土压力、顶推力、出土量、顶进速度，确保土压平衡。

③顶进过程中加强管节注浆，提高浆液性能，通过管节外侧的润滑浆套，尽量让管节在浆套中行走，减少管节顶进对土体及管线的影响。

④配备专制的土砂泵，一旦顶管机或管节发生较大沉降，通过专门制作的土砂泵在管节预留的注浆孔内注泥（图7-3），将流失或超挖的土体及时填充。

⑤做好相关应急预案。

图7-3　土砂泵注泥作业

（2）确保大型设备进出场和吊装安全的解决措施。

①现场选用150t履带式起重机进行吊装、翻身作业；顶管机翻身时另配备80t汽车起重机进行溜尾，确保吊装及翻身安全。

②专职安全员对顶管机及管节的吊装、翻身全过程进行跟踪、指挥，防止因高频率、长时间吊装引起操作人员的麻痹大意，确保顶管机、管节的吊装及翻身安全。

③每次顶管机、管节翻身或吊装前由专职安全员检查吊具、钢丝绳、卸扣的安全性能，现场配备足够数量的吊装绳索。管节翻身、吊装如图7-4所示。顶管机翻身、吊装如图7-5所示。

（3）顶管顶进的始发、接收的解决措施。

①始发顶进安全解决措施。

a. 由于洞外为三轴搅拌桩加固土体，顶管机头正面为全断面水泥土，需将顶进速度放慢。查看螺旋输送机出土难易程度，适当加膨润土和清水来软化和润滑水泥土。

b. 顶管机头与前三节管节的拉杆须拉紧，采取措施，使正面土压力稍大于理论计算值，减少对正面土体的扰动。

c. 使用止退装置,防止因为顶推力消失、更换管节时导致的管节后退,造成正面土压力消失,减小出现正面土体坍塌造成路面不同程度的沉降。管节止退装置如图7-6所示。

图7-4　管节翻身、吊装

图7-5　顶管机翻身、吊装

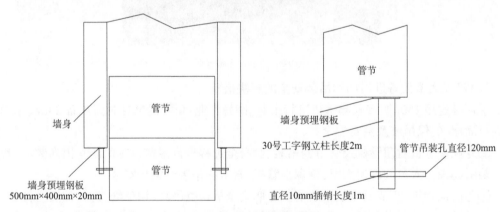

图7-6　管节止退装置示意图

②接收安全解决措施。

a. 在加固区内施工2口降水井,确保在进洞时将水位降低至管底以下,保证接收安全。

b. 在顶管达到距接收井6m,开始停止第一节管节压浆,并在以后顶进中压浆位置逐渐后移,保证顶管进洞前形成完好的6m左右的土塞,避免在进洞过程中因减摩泥浆的大量流失而造成管节周边摩阻力骤然上升。

c. 在顶管机切口进入接收井加固区域时,适当降低顶进速度,调整出土量,逐渐减小机头正面土压力,以确保顶管机设备完好和洞口结构稳定。

d.顶管机在到达钻孔灌注桩时,控制好顶进距离和主千斤顶的压力,缓慢靠近钻孔灌注桩,并顶住钻孔灌注桩,钻孔灌注桩从井内往外凿除,并在管节两边通过预留或者增设的注泥孔,用新型的注泥泵对顶管机外侧周围填充土体,确保顶管机周边的土体稳定。

(4)顶管顶进过程中对地面及周边建构筑物的沉降的控制的解决措施。

①详细阅读、熟悉掌握设计、业主提供的建(构)筑物资料,在工程实施前与各建(构)筑物、道路产权单位沟通,进一步核实、搜集建(构)筑物与道路资料。对建(构)筑物采用拍照和录像等手段,详细记录建(构)筑物的原始状况,准确掌握建(构)筑物详细资料。

②与建(构)筑物、管线产权和管理单位联系,确定建(构)筑物、管线的施工管理标准,对需要改迁与拆除的建(构)筑物进行改迁和拆除,对需要进行预加固的建(构)筑物进行预加固。

③选择正确的施工参数,加强地表沉降、地下水位观测,并及时反馈施工。加强过程控制管理,实施信息化施工,防止因开挖面失稳引起过大的地表沉降;同时应防止地面切口水压过大引起地表隆起。

④准备好专门制作的土砂泵,一旦地面及建(构)筑物的沉降达到预警值,立即采用土砂泵进行注泥作业。

⑤成立建(构)筑物保护小组,施工时把现场建(构)筑物的详细情况和保护方案向现场管理人员和作业人员进行层层安全交底,建立"建(构)筑物保护责任制",明确各级人员的责任。建立预警机制,做好应急预案。

(5)确保工期的措施。

①合理布置场地,合理配备人员机械设备,优化施工方案,加强技术管理,完善各项技术管理制度,围绕安全、质量、进度、文明施工建立相应健全的保证措施,指导施工有序顺利进行。

②抓住关键工序,做好超前准备,实行工期目标责任制。

③在施工冲突发生之前,有预见性地针对施工过程中可能存在的冲突问题与业主、监理单位联系协调,最大限度地减少因施工冲突引起的进度影响。

④可能影响施工进度的主要因素有设备、材料未能按预定计划到货,设备、材料出现制造质量问题等,为此加强设备厂家的催货和质量监督,合理调整施工计划,及时处理设备质量问题。

⑤在劳动力调配上,准备预备队伍。一旦出现劳动力不足而影响工期时,立即组织补充力量,2d内赶赴工地,实行2~3班制作业。

⑥在上道工序工期延误时,本道工序增加作业人员、施工机械,抢时间,弥补工序延误的工期。

7.3 主要施工方案

7.3.1 顶管机选型

(1)刀盘。

①针对本工程开挖面特点,矩形顶管机刀盘由7个大小刀盘组合,它具有间隙小和切削

图 7-7　矩形顶管机实物图

面积大的特点。矩形顶管机实物图如图 7-7 所示。

②在小刀盘均布置加密先行刀和刮刀,均采用矿用合金刀头,满足在细砂、中砂和砾石中切削和寿命需要。

③每个小刀盘正面均分布四个单向注浆口,可以加注水、泡沫等用于改良土体。

(2)驱动装置。

①独特的内置式箱形结构承受轴向力,具有承载能力强、变形小的特点;

②独特的前置式推力轴承,具有承载力大、寿命长和整个驱动装置受力状态良好等优点;

③采用大模数硬化的齿轮副,完全能够满足在本工程地质条件下长时间施工需要;

④充分考虑在复杂地层中顶管作业驱动扭矩大的特点,单个驱动单元扭矩系数 α 最小为 5,最大达到 53;

⑤每个驱动装置均由独立的变频装置控制,可实现 0 ~ 2r/min 无级调速,也可任意调整旋向而控制顶管机姿态。

(3)壳体。

①前壳体采用整体结构,减少在现场组装的工作量;

②前壳体面板上分布十几个注浆口,用于改良土仓内土体;

③后壳体止水密封后分布注浆口,同样可以减小摩阻力;

④所有承插口采用机械加工,有效减少机内渗漏现象,增强密封效果。

(4)螺旋输送机。

①采用大口径($\phi560mm$)轴向出土螺旋输送机,出土量大($60m^3/h$);

②采用专业厂家生产的定制推力轴承,可实现变频调速(0 ~ 18r/min),具有寿命长、传动平稳等优点;

③采用齿形密封圈,其具有密封效果好、寿命长等优点;

④针对复杂地层采用 4 个清障检修口。

(5)壳体配置。

①顶管机壳体尺寸 6.92mm × 4.22mm;

②前后壳体采用两节并上下分体布置,有利于长距离运输;

③前壳体面板上分布有注浆口,用于改良土仓内土体;

④后壳体止水密封后分布注浆口,同样可以减小摩阻力;

⑤各壳体采用承插式连接,成插口均采用机械加工,能有效减少机内渗漏现象,增强密封效果。

7.3.2　顶管顶进施工

(1)始发顶进顺序。

第一阶段:设备下井就位、安装、调试、安装止水装置。

第二阶段:始发顶进洞门桩基础凿除,如图7-8所示。

图7-8　始发顶进洞门桩基础凿除

第三阶段:顶管机就位后立即组织对出洞区域的围护桩(即旋喷桩和钻孔灌注桩)进行凿除,围护结构破除后切削加固土,掘进正常推进。

(2)始发顶进施工。

①洞口凿除:出洞之前对全套顶进设备做一次系统调试,在确认顶进设备正常后,开始采用切割设备凿除井壁洞口钢筋混凝土,安装洞门止水装置。

②顶进施工:在洞圈内的墙壁结构全部破除后,应立即开始顶进机头,由于正面为全断面的水泥土,为保护刀盘,顶进速度应减小。另外,可能会出现螺旋输送机出土困难,必要时可加入适量清水来软化或润滑水泥土。顶管机进入原状土后,为防止机头"磕头",宜适当增大顶进速度,使正面土压力稍大于理论计算值,以减少对正面土体的扰动及出现地面沉降。顶管机完全进入洞门后,需检查洞口止水装置是否损坏,如有损坏应立即整修,确保泥水、浆液的不外漏。

③出洞段的各类施工参数:顶管机从始发井出洞后,应尽量减少水土流失,控制地面沉降。顶管机出洞进入正常土体后3m范围内的顶进作为本工程顶管的试验段,应不断根据反馈的地面沉降数据进行参数调整,及时摸索出正面土压力、出土量、顶进速度、注浆量和压力等施工参数最佳值,为正常段施工服务。

(3)顶进轴线控制。

顶管在正常顶进施工中,必须密切注意对顶进轴线的控制。在每节管节顶进结束后,必须进行机头的姿态测量,并做到随偏随纠,且纠偏量不宜过大,以免土体出现较大扰动及管节间出现张角。顶进过程中通过安装在后靠墙上的激光经纬仪,随时观察顶管机姿态,及时进行调整。

矩形顶管机对管道的横向水平要求较高,所以在顶进过程中要密切注意机头的转角,机头一旦出现微小转角,应立即采取刀盘反转、加压铁等措施纠偏。

顶进轴线偏差控制要求:高程,±50mm;水平,±50mm。

（4）地面沉降控制。

在顶进过程中，应合理控制顶进速度，保证连续、均衡施工，避免出现长时间搁置情况；不断根据反馈数据进行土压力设定值调整，使之达到最佳状态；严格控制出土量，防止欠挖或超挖。

（5）管节减摩。

为减小土体与管道间摩阻力，在管道外壁压注触变泥浆，在管道四周形成一圈泥浆套，以达到减摩效果；在施工期间要求泥浆不失水，不沉淀，不固结，以达到减小总顶推力的效果。

（6）止退装置。

由于矩形顶管机的断面较大，前端阻力大，实际施工中，即使管节顶进了较长距离，每次拼装管节或加垫块时，主顶液压缸一回缩，机头和管节仍会一起后退 20 ~ 30cm。当顶管机和管节后退时，机头和前方土体间的土压平衡受到破坏，土体面得不到稳定支撑，易引起机头前方的土体坍塌，若不采取一定的措施，路面和管线的沉降量将难以得到控制。

在前基座的两侧各安装一套止退装置，当液压缸行程推完，安装管节时，将销插入管节的吊装孔。管节的后退力通过销、销座传递到止退装置上，把管节稳住。

（7）出土。

本工程出土采用螺旋输送机 + 轨道土箱 + 卷扬机 + 履带式起重机的形式出土，一节管节的理论出土量为 43.8m³。在顶进过程中，应尽量精确地统计出每一管节的出土量，力争使之与理论出土量保持一致，确保正面土体的相对稳定，减小地面沉降量。顶管施工过程中，管内的出泥量要与顶进的取泥量相一致。出泥量大于顶进取泥量，地面会沉降，出泥量小于顶进取泥量，地面会隆起，这都会造成管道周围的土体扰动，只有控制出泥量与顶进取泥量相一致，才不会影响管道周围的土体，从而不影响地面，而要做到出泥量与取泥量一致的关键是严格控制土体切削掌握的尺度，防止超量出泥。

（8）顶管接口、止防水措施。

接口是顶管工程的关键部位，保证做好接口部分是顶管成败的关键，因此对组成接口的每一部分都必须严格遵守有关规程的要求严格制作。

管节止水圈为氯丁橡胶与水膨胀橡胶复合体，用黏结剂粘贴于管节基面上，粘贴前必须进行基面处理，清理基面的杂质，保证粘贴的效果。管节下井拼装时，在止水圈斜面和钢套环斜口上均匀涂刷一层硅油，接口插入后，用探棒插入钢套环空隙中，沿周边检查止水圈定位是否准确，发现有翻转、位移等现象，应拔出重新粘接和插入。施工时若发现止水条有质量问题，须立即上报技术部门，整改后方可继续使用。

考虑到本工程顶管施工过程中注浆、止水及后期运行过程中防水问题，采用"F 型钢承口"橡胶圈柔性接口，如图 7-9 所示。因为 F 型钢承口与顶管机连接方便，管口接触面积较大，管材前端植入混凝土管中，防止泥沙进入而影响止水效果。

管节与管节间采用中等硬度的木制材料作为衬垫，以缓冲混凝土之间的应力，板接口处以企口方式相接（图 7-10），板厚为 15 ~ 18mm。粘贴前注意清理管节的基面，管节下井或拼装时发现有脱落的立即返工,确保整个环面衬垫的平整完好,并施作四道防水结构。

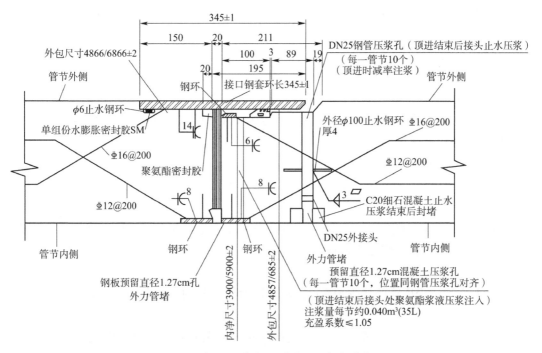

图 7-9　"F 型钢承口"橡胶圈柔性接口示意图(单位:mm)

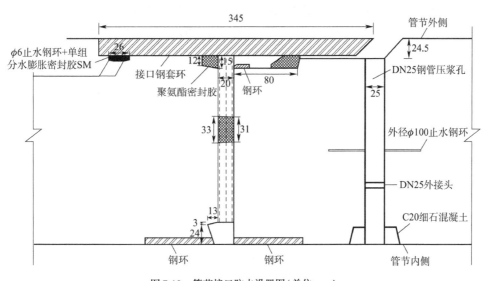

图 7-10　管节接口防水设置图(单位:mm)

　　第一道防水为管节预制时安装遇水膨胀条,第二道防水为管节承插口处安装单鸟形止水橡胶圈,第三道为管节接口处安装遇水膨胀条,第四道为管节接口采用聚硫密封膏进行封堵。

　　顶管施工结束后,管节间的缝隙采用双组分聚硫密封膏填充。嵌缝前必须将缝隙内的杂质、油污清理干净,做到平整、干净、干燥。在缝两侧先刮涂一遍配制好的聚硫膏,第二次在缝中刮填密封膏到所需高度,要求压紧刮平,防止带入气泡而影响强度和水密性。密封膏表干时间为24h,7d后达到设计强度的80%,在密封膏在未充分固化前要注意保护,防止雨水侵入。

7.3.3　弃壳施工

下盐路站西侧3号、4号出入口通道采用顶管法施工,受高压天然气管及规划给水管管位影响,无法实施顶管接收井及进洞加固。经会议讨论,借鉴之前施工经验,同意取消顶管接收井,采取顶管机弃壳接收方式,具体方案如下:

(1)拆除工艺流程。

顶管机周围注浆→拆除螺旋出土机1台→拆除后壳体纠偏液压站1座→拆除后壳体脱节液压缸4个→拆除顶管机变频器控制柜1座→拆除中壳体纠偏液压缸18个→拆除前壳体减速机14个→拆除前壳体马达14个→拆除前壳体齿轮箱5个。当具备接收条件后从接收井拆除刀盘,最后切除前壳体6cm厚度胸板。

(2)顶管接收。

顶管弃壳段位于顶管的接收端头,在通道顶管前,已经对通道掘进终点前方5m范围内采用双管旋喷桩进行土体加固。

当顶管机推进进入弃壳段施工后,减小顶进推力,充分利用刀盘切削正面土体往前推进,顶管弃壳段缓慢、匀速、连续推进施工。

顶管机切口顶进加固区、在刀盘抵达旋喷桩围护结构时,顶管机暂停顶进,利用顶管机自带壳四周压浆孔向顶管机四周注双液浆,填充顶管机的空隙,固结顶管机壳位置。

(3)设备拆解及运输。

顶管机停到设计位置,洞门封堵、水硬性注浆完成后的一段时间后,开始拆除设备。拆除工作开始前在顶管内部铺设两条钢轨,供运输车辆行驶。所有较大部件需要拆除后由电动葫芦或手拉葫芦转移至运输车后,由固定在始发井的卷扬机运输至始发井,后由起重机吊出始发井。顶管机由前、中、后壳体组成。根据其构成及井内运输条件,需要按顺序依次进行拆除,见表7-1。

顶管机拆除顺序　　　　　　　　　　　　　　　　　　　表7-1

序号	拆除部件名称	数量	拆除工作简要描述
1	螺旋出土机	2台	该部件采用法兰与机头连接,拆除时用5t手拉葫芦拉住后,人工拆除后移入推车
2	后壳体纠偏液压站	1座	该部件与后壳体采用焊接连接。拆除时由金属焊接切割工切除后移入始发井
3	后壳体脱管液压缸	4个	该部件与机壳采用螺栓连接,由手拉葫芦固定住后,进行人工拆除并移出
4	中壳体顶管机变频器控制柜	1座	该部件与机壳采用螺栓连接,进行人工拆除并移出

续上表

序号	拆除部件名称	数量	拆除工作简要描述
5	中壳体纠偏液压缸	16 个	该部件与机壳采用螺栓连接,由手拉葫芦固定住后,进行人工拆除并移出
6	前壳体减速机	14 台	该部件与机头采用法兰连接,拆除时用 5t 手拉葫芦拉住后,人工进行拆除后移入推车
7	前壳体马达	5 台	该部件与机头采用法兰连接,拆除时用 5t 手拉葫芦拉住后,人工进行拆除后移入推车
8	前壳体齿轮箱	5 个	该部件与机头采用法兰连接,拆除时用 5t 手拉葫芦拉住后,人工进行拆除后移入推车
9	刀盘拆除	5 个	该部件与机壳采用螺栓连接,由手拉葫芦固定住后,进行人工拆除并移出
10	胸板拆除	整板	采用氧气、乙炔进行分块解体后,分批运出

(4)机壳内主体结构施工及配件回厂组装。

解体完成后按设计要求进行钢筋混凝土结构施工。若现场不具备重新组装顶管机条件,需将拆卸下来的顶管机零部件运回厂家重新组装。本次弃壳需要重新制作的顶管机部件有前壳体 52t、后壳体 21t、双联液压缸支座 12 个、销轴 24 个、铰接密封 3 道、压板 3 道、硬质合金刀具一套。

7.4　实施效果

7.4.1　社会效益

顺利、保质、按时施工完成上海轨道交通 18 号线沈梅路站及下盐路站。通过应用顶管变形控制技术,保证了既有管线的安全,通过"金蝉脱壳"顶管接收技术,明显加快了施工进度,减少资源浪费,提前完成出入口顶管施工。通过采用分段、分节、分仓带压灌注混凝土技术,确保了施工安全,降低了施工难度,提高了衬砌混凝土浇筑质量。通过在现浇混凝土衬砌与预制管片之间设置引导性防排水施工缝,有效解决了衬砌接缝防水问题,为后续车站运营消除了渗漏水隐患,为同类工程积累了宝贵的施工经验。

7.4.2　经济效益

顶管脱壳后浇筑混凝土长度 5m,方案优化前后进行综合经济效益对比分析,见表 7-2。

方案优化前后综合效益对比分析　　　　　表 7-2

序号	名称	周转材料		投入人力	工期	费用
		材料名称	数量			
1	原设计方案	600mm×1500mm 组合钢模板	3.5 t	25 人	12d	周转材料费 3.5 万元,人工费 10.5 万元
		$\phi4.8\times3.6$mm 双拼钢管主楞	2.6t			
		10cm×10cm 方木	6m³			
		$\phi4.8\times3.6$mm 钢管脚支架	2.5t			
		泵管(需浇筑到混凝土内)	40m			
		弯头、阀门	10 套			
2	优化后方案	$\delta=18$mm 厚木胶板		20 人	10d	周转材料费 2 万元,人工费 8.4 万元
		$\phi4.8\times3.6$mm 双拼钢管主楞	2.6t			
		5cm×10cm 方木	3m³			
		$\phi4.8\times3.6$mm 钢管脚支架	2t			
		泵管(需浇筑到混凝土内)	20m			
		弯头、阀门	10 套			

由表 7-2 可知:顶管脱壳后浇筑混凝土长度 5m,原方案为组合钢模板施工,工期 12d。施工方案优化为组合木模板快速施工,工期缩短 2d,可减少材料周转费用 1.5 万元,节省 2 人的人工费 2.1 万元。

参 考 文 献

[1] HASLEM R. F. Pipe-jacking forces：From practice to theory［C］∥Proc. ICE North Western Association Centenary Conference，Manchester，Infrastructure renovation and waste control Mansotck，1986：173.

[2] O'REILLY M. P.，ROGERS C. D. F. Pipe jacking forces［C］∥Proceedings of International conference on foundations and tunnels，Edinburgh：Engineering Technics Press，1987.

[3] D. N. CHAPMAN，Y ICHIOKA. Prediction of jacking forces for micro tunnellingoperations［J］. Trenchless Technol. Res，1999，14（1）：31-41.

[4] NAJAFI M，GOKHALE S. Trenchless Technology：Pipelines and Utility Design，Construction，and Renewal［M］. New York：McGraw-Hill，2005.

[5] 王承德. 顶管施工中管壁摩阻力理论公式的商榷［J］. 特种结构，1999 （3）：22-25.

[6] 中华人民共和国住房和城乡建设部，中华人民共和国国家质量监督检验检疫总局. 给水排水管道工程施工及验收规范：GB 50268—2008［S］. 北京：中国建筑工业出版社，2004.

[7] 韩选江. 大型地下顶管施工技术原理及应用［M］. 北京：中国建筑工业出版社，2008.

[8] 薛振兴. 顶管施工顶力计算与力学特性研究［D］. 青岛：中国石油大学，2010.

[9] 白建市，贾志献，肖长波. 中粗砂地层中顶管顶进力计算分析［J］. 探矿工程（岩土钻掘工程），2012，39（7）：37-40.

[10] 熊蓟. 矩形顶管关键受力分析［D］. 北京：中国地质大学（北京），2013.

[11] 杨仙，张可能，黎永索，等. 深埋顶管顶推力理论计算与实测分析［J］. 岩土力学，2013，34（3）：757-761.

[12] 王双，夏才初，葛金科. 考虑泥浆套不同形态的顶管管壁摩阻力计算公式［J］. 岩土力学，2014，35（1）：159-166，174.

[13] 李超，钟祖良，刘新荣，等. 复杂接触条件下超长距离混凝土顶管-围岩摩擦特性及现场卡管处置验证研究［J］. 岩石力学与工程学报，2019，38（6）：1197-1208.

[14] 叶艺超，彭立敏，杨伟超，等. 考虑泥浆触变性的顶管顶推力计算方法［J］. 岩土工程学报，2015，37（9）：1653-1659.

[15] 陈孝湘，张培勇，丁士君，等. 大口径三维曲线顶管顶推力估算及实测分析［J］. 岩土力学，2015，36（S1）：547-552.

[16] 林越翔，彭立敏，吴桂航，等. 仿矩形顶管管壁摩阻力理论公式的探讨［J］. 现代隧道技术，2017，54（4）：180-185.

[17] 张鹏，谈力昕，马保松. 考虑泥浆触变性和管土接触特性的顶管摩阻力公式［J］. 岩土工程学报，2017，39（11）：2043-2049.

[18] KAI WEN，HIDEKI SHIMADA，WEI ZENG，et al. Frictional analysis of pipe-slurry-soil interaction and jacking force prediction of rectangular pipe jacking［J］. European Journal of

Environmental and Civil Engineering,2020,24(6).

[19] 曾勤.类矩形顶管隧道荷载特性与施工力学行为研究[D].成都:西南交通大学,2018.

[20] 汪家雷,纪新博.顶管顶推力计算方法比较分析[J].现代隧道技术,2018,55(6):11-18.

[21] 张雪婷.矩形顶管施工顶进阻力计算与分析[D].武汉:武汉科技大学,2019.

[22] 薛青松.苏州城北路大断面矩形顶管顶推力计算与实测分析[J].隧道建设(中英文),2020,40(12):1717-1724.

[23] 陈孝湘,贺雷,孙清,等.分节预制式多曲线顶管的顶推力估算公式[J].地下空间与工程学报,2021,17(3):800-807.

[24] 孙阳,宋德威,李耀东,等.矩形顶管考虑泥浆触变特性的顶推力计算[J].地下空间与工程学报,2022,18(4):1097-1103.

[25] 徐天硕,王乐,刘锴鑫,等.基于滚刀破岩特性的岩石顶管迎面阻力计算模型[J].地质科技通报,2022,41(4):259-265.

[26] JEFFERIS S. A. Chapter 48 of Construction Meterials Reference Book-Slurrids and Grouts[M]. D. K. Doran,Butterworth-Heine-mann,Oxford,1992.

[27] 肖世国,夏才初,李向阳,等.管幕内顶进箱涵时外表面摩擦系数的试验研究[J].岩石力学与工程学报,2005(15):2746-2750.

[28] 罗云峰.长距离大直径混凝土顶管中的减阻泥浆研究与应用[J].建筑施工,2014,36(2):186-188.

[29] 王明胜,刘大刚.顶管隧道工程触变泥浆性能试验及减阻技术研究[J].现代隧道技术,2016,53(6):182-189.

[30] 袁为岭,荣亮,杨红军.原材料含量对顶管施工触变泥浆性能的影响[J].隧道建设,2016,36(6):683-687.

[31] 陈月香.超大矩形断面顶管减摩注浆作用机理及优化设计研究[D].福州:福建工程学院,2019.

[32] 刘猛,杨春利,亓路宽.非开挖施工钢制管直顶顶推力数值分析[J].地下空间与工程学报,2019,15(S1):211-218.

[33] 丁家浩,彭立敏,雷明锋,等.大断面矩形顶管隧道开挖面稳定性三维极限分析方法[J].铁道科学与工程学报,2022,19(8):2369-2380.

[34] 张雪,万中正,王传银,等.无水砂层中矩形顶管施工用触变泥浆配比优化及减阻性能试验[J].工程地质学报,2021,29(5):1611-1620.

[35] 刘招伟,杨朝帅.矩形顶管隧道施工中触变泥浆套形成规律及减阻效果试验[J].河南理工大学学报(自然科学版),2016,35(4):568-576.

[36] 李天亮,赵文,韩健勇,等.顶管泥浆套与混凝土界面剪切力学特性试验研究[J].应用基础与工程科学学报,2022,30(2):396-406.

[37] 刘剑,邹宇翔,马险峰,等.顶管隧道膨润土泥浆对地层扰动影响的离心机实验研究[J].北京师范大学学报(自然科学版),2022,58(2):209-215.

［38］ POTYONDY J G. Skin Friction Between Various Soils and Construction Materials［J］. Geotechnique,1961,11:339-355.

［39］ DESAI C S,DRUMM E C,ZAMANMM S. Cyclic testing and modeling interfaces ［J］. Journal of Geotechnical Engineering Division,1985,111(6):793-815.

［40］ 胡黎明. 土与结构物接触面物理力学特性试验研究［J］. 岩土工程学报,2001,23(4): 431-435.

［41］ PBEAUCOUR,A L,Kastner R. Experimental and analytical study of friction forces during micro tunneling operations. Tunneling and Underground Space Technology,2002,17(1):83-97.

［42］ STAHELI K. Jacking Force Prediction:An Interface Friction Approach Based On Pipe Surface Roughness ［D］. Ph. D. Thesis,Georgia Institute of Technology,2006.

［43］ 范臻辉,肖宏彬,王永和. 膨胀土与结构物接触面的力学特性试验研究［J］. 中国铁道科学,2006(5):13-16.

［44］ 杨有莲,朱俊高,余挺,等. 土与结构接触面力学特性环剪试验研究［J］. 岩土力学, 2009,30(11):3256-3260.

［45］ McGILLI VRAY B C. Lubrication Mechanisms and Their Influence on Interface Friction During Installation of Subsurface Pipes ［D］. Ph. D Thesis,Georgia Institute of Technology,2009.

［46］ SHOU K,YEN J,LIU M. On the frictional property of lubricants and its impact on jacking force and soil-pipe interaction of pipe-jacking［J］. Tunnelling and Underground Space Technology,2010,25(4):469-477.

［47］ 王飞. 软土中管土纵向相互作用摩擦特性研究［D］. 天津:天津大学,2014.

［48］ 寇磊,朱新华,白云,等. 顶管管节壁后触变泥浆探地雷达探测研究［J］. 地下空间与工程学报,2016,12(2):477-483.

［49］ MILLIGAN G W E,NORRIS P. Site-based research in pipe jacking—objectives,procedures and a case history［J］. Tunnelling & Underground Space Technology,1996,11(95):23-24.

［50］ BARLA M,BORGHI X,MAIR R J,et al. Numerical modelling of pipe-soil stresses during pipe jacking in clays［C］//European Conference on Soil Mechanics and Geotechnical Engineering,Prague,Czech,2003,2:453-458.

［51］ MITSUTAKA SUGIMOTO,AUTTAKIT ASANPRAKIT. Stack Pipe Model for Pipe Jacking Method［J］. Journal of Construction Engineering and Management,2010,136(6):683-692.

［52］ TAKASHI SEND,HIDEKI SHIMADA,TAKASHI SASAOKA,et al. Behavior of Surrounding Soil during Construction and Its Countermeasures Using Pipe Jacking Method in Deep Strata ［J］. Open Journal of Geology,2013(3):44-48.

［53］ BARLA M,CAMUSSO M. A method to design micro tunnelling installations in randomly cemented Torino alluvial soil［J］. Tunnelling and Underground Space Technology,2013,33 (8):73-81.

［54］黄吉龙,陈锦剑,王建华,等.大口径顶管顶进过程的数值模拟分析［J］.地下空间与工程学报,2008(3):489-493.

［55］YEN J,SHOU K. Numerical simulation for the estimation the jacking force of pipe jacking［J］. Tunnelling and Underground Space Technology,2015,49:218-229.

［56］焦程龙,赵歆,牛富俊.矩形顶管管-土接触面状态及顶推力预估［J］.东北大学学报(自然科学版),2020,41(10):1459-1464.

［57］李根喜,周载延,王立帅,等.矩形顶管施工对既有建筑影响研究［J］.交通世界,2021(Z1):28-30.

［58］井冬冬.顶管施工下穿燃气管线变形预测及控制［J］.交通世界(下旬刊),2021(2):27-29.

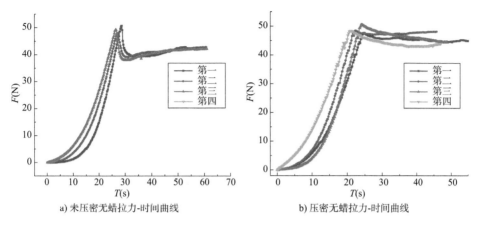

a) 未压密无蜡拉力-时间曲线　　　　　　　　b) 压密无蜡拉力-时间曲线

图 3-6　管-土无蜡拉力-时间曲线

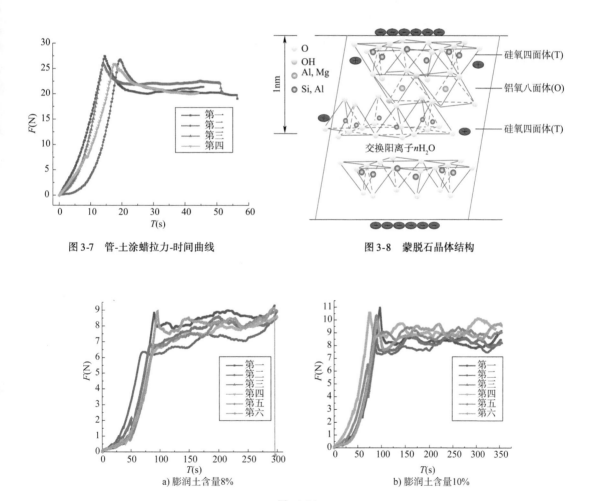

图 3-7　管-土涂蜡拉力-时间曲线　　　　　　　图 3-8　蒙脱石晶体结构

a) 膨润土含量8%　　　　　　　　　　b) 膨润土含量10%

图　3-16

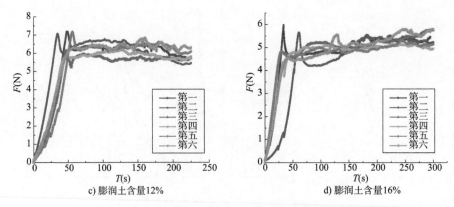

c) 膨润土含量12% d) 膨润土含量16%

图 3-16 膨润土不同含量时管-浆-土摩阻力-时间曲线

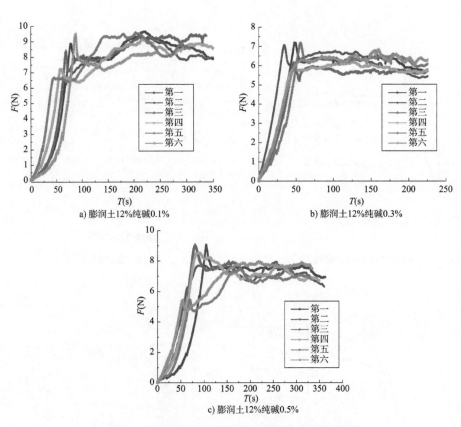

a) 膨润土12%纯碱0.1% b) 膨润土12%纯碱0.3%

c) 膨润土12%纯碱0.5%

图 3-21 不同纯碱含量泥浆的管-浆摩阻力-时间关系曲线

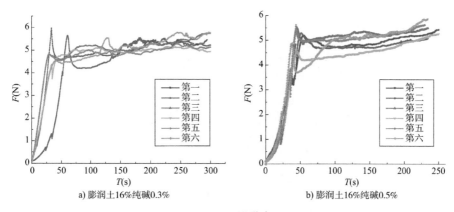

a) 膨润土16%纯碱0.3%   b) 膨润土16%纯碱0.5%

图3-22   不同纯碱含量泥浆的管-浆摩阻力-时间关系曲线

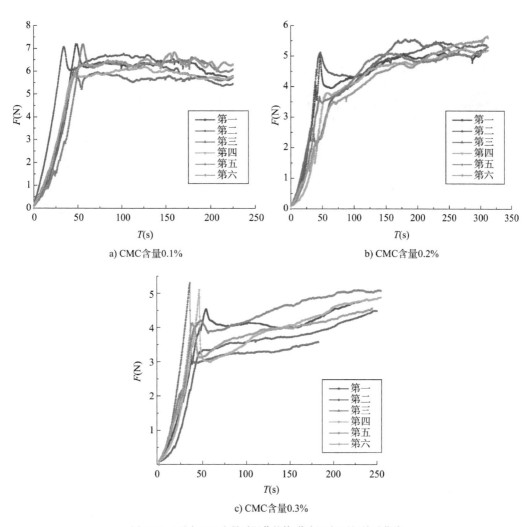

a) CMC含量0.1%   b) CMC含量0.2%

c) CMC含量0.3%

图3-24   不同CMC含量时泥浆的管-浆摩阻力-时间关系曲线

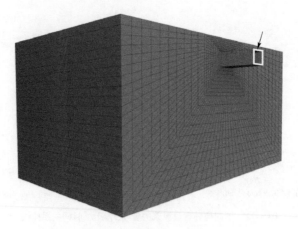

图 4-6　顶进速度加载示意图

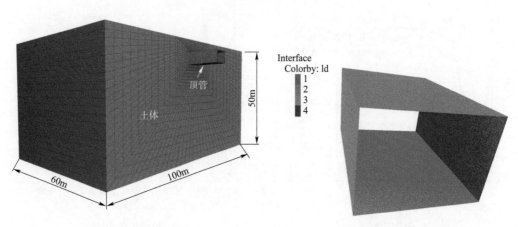

图 4-7　计算模型示意图

图 4-8　管-土接触面示意图

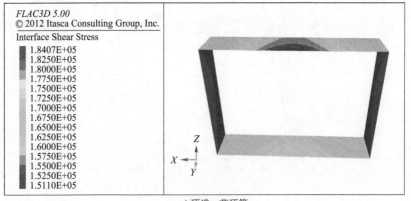

a) 顶进一节顶管

图　4-9

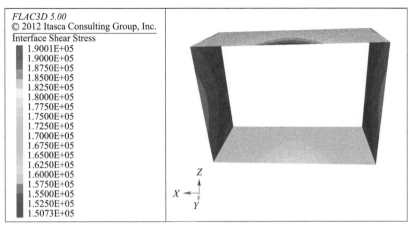

b) 顶进两节顶管

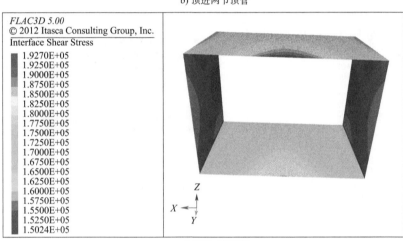

c) 顶进三节顶管

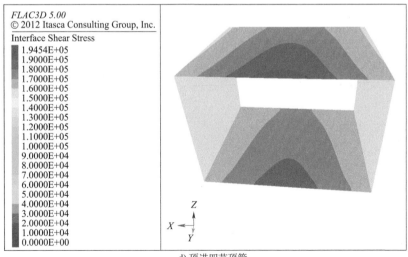

d) 顶进四节顶管

图　4-9

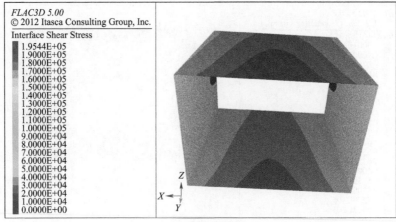

e) 顶进五节顶管

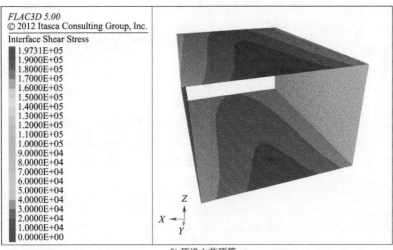

f) 顶进六节顶管

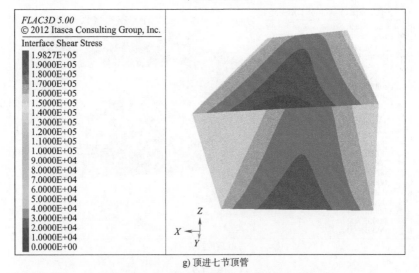

g) 顶进七节顶管

图 4-9 不同顶进距离时接触面剪应力分布云图(管-土全接触)(单位:Pa)

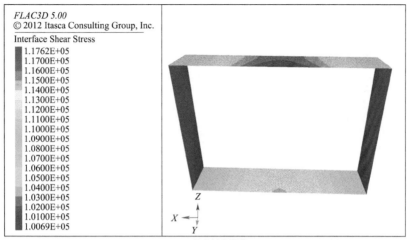

a) 考虑触变泥浆

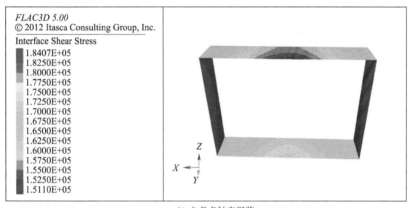

b) 未考虑触变泥浆

图 4-12　顶进一节管节接触面剪应力分布云图(单位:Pa)

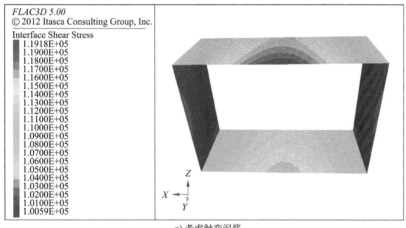

a) 考虑触变泥浆

图　4-13

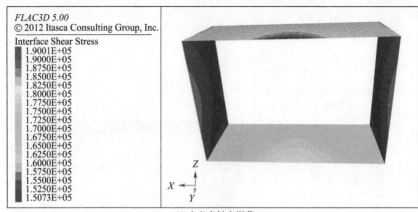

b) 未考虑触变泥浆

图 4-13　顶进两节管节接触面剪应力分布云图(单位:Pa)

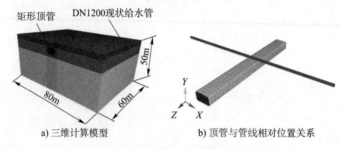

a) 三维计算模型　　　　　　　b) 顶管与管线相对位置关系

图 5-5　顶管三维计算模型及顶管与管线相对位置关系

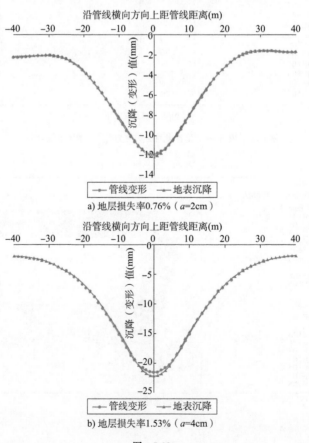

a) 地层损失率0.76%(a=2cm)

b) 地层损失率1.53%(a=4cm)

图　5-10

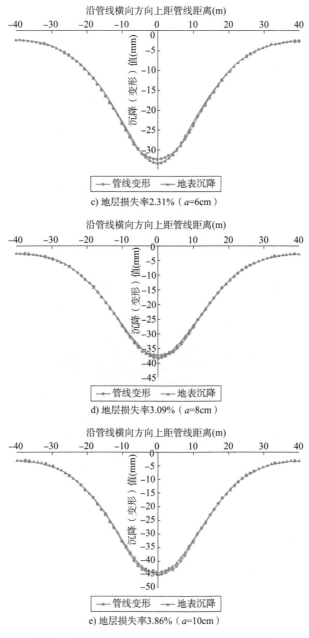

c) 地层损失率2.31%（a=6cm）

d) 地层损失率3.09%（a=8cm）

e) 地层损失率3.86%（a=10cm）

图 5-10 不同地层损失率下地表沉降与管线变形曲线

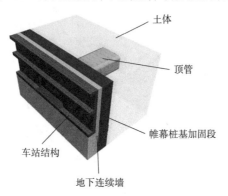

图 6-16 数值计算模型

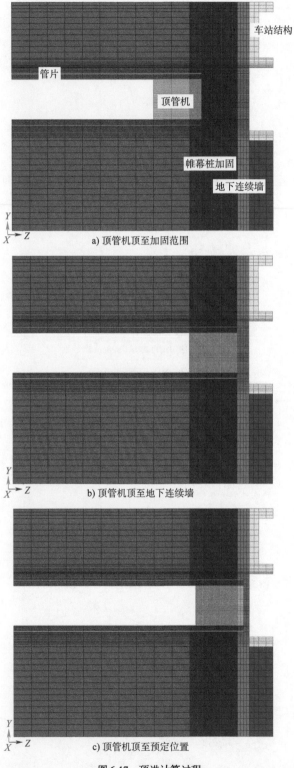

车站结构

管片

顶管机

帷幕桩加固

地下连续墙

Y
X Z

a) 顶管机顶至加固范围

Y
X Z

b) 顶管机顶至地下连续墙

Y
X Z

c) 顶管机顶至预定位置

图 6-17　顶进计算过程

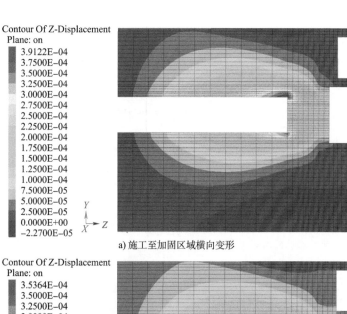

a) 施工至加固区域横向变形

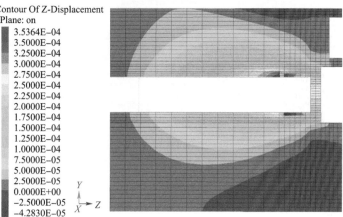

b) 施工至地下连续墙横向变形

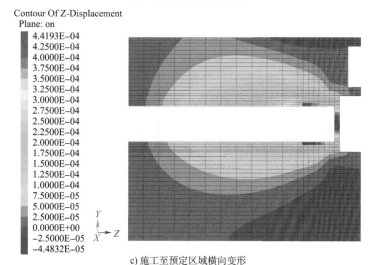

c) 施工至预定区域横向变形

图6-18 随顶管顶进地下连续墙及车站结构横向变形(单位:m)

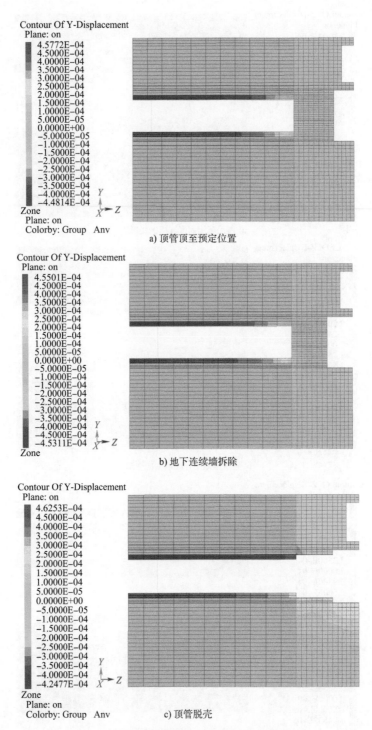

a) 顶管顶至预定位置

b) 地下连续墙拆除

c) 顶管脱壳

图6-21 顶管脱壳过程结构及围岩竖向变形(单位:m)